光尘
LUXOPUS

［英］E. F. 舒马赫
（E. F. Schumacher）/ 著

江唐 / 译

解惑

心智模式
决定你的一生

A
GUIDE
FOR
THE
PERPLEXED

中信出版集团 | 北京

图书在版编目（CIP）数据

解惑：心智模式决定你的一生 /（英）E. F. 舒马赫
著；江唐译 . -- 北京：中信出版社，2021.5（2024.11 重印）
书名原文：A Guide for the Perplexed
ISBN 978-7-5217-2755-5

Ⅰ . ①解… Ⅱ . ① E… ②江… Ⅲ . ①人生哲学—通俗
读物 Ⅳ . ① B821-49

中国版本图书馆 CIP 数据核字 (2021) 第 023760 号

本书简体中文版由北京光尘文化传播有限公司与中信出版集团联合出版
本书仅限中国大陆地区发行销售

解惑：心智模式决定你的一生

著　者：［英］E. F. 舒马赫
译　者：江　唐
出版发行：中信出版集团股份有限公司
　　　　　（北京市朝阳区东三环北路 27 号嘉铭中心　邮编　100020）
承印者：

开　本：787mm×1230mm　1/32　　印　张：9　　字　数：153 千字
版　次：2021 年 5 月第 1 版　　　　　印　次：2024 年 11 月第 28 次印刷
京权图字：01-2021-0939
书　号：ISBN 978-7-5217-2755-5
定　价：59.80 元

除了期待幸福，人没有理由推究哲理。

—— 奥古斯丁

目录

史蒂芬·柯维

人生是一种选择

在早期的职业生涯中，我读了两本书，它们对我的影响极其深远。这两本书分别是维克多·弗兰克尔的《活出生命的意义》和 E. F. 舒马赫的这本《解惑：心智模式决定你的一生》。它们让我懂得了个人责任和选择的概念，并提供了实用的框架和工具，也使我得以帮助学生以及后来成千上万起点不同的读者在职业生涯和个人生活中变得更有效率，取得更大的成就。

我从舒马赫的这部作品中，学到了个人可以通过自己的选择使生命更有意义。舒马赫在书中描述了四种生活状态。最高的水平体现在驾驭自我意识的能力上，也就是说，能意识到自己已经意识到的事物。这一能力是人类特有的禀赋。人类不只会将自己所经历的简单相加；人类还可以对这些经历以及它们之间的相互关系进行深入反思，并基于这些意识做出选择。

这一思想不仅对我的教学、写作和个人生活产生了巨大影响，也影响了我教育孩子的方式。我的孩子从小就知道，为自己找借口终究难逃惩罚，把责任归咎于他人更是不对的。如果孩子们说："这件事不是我干的，而是他。"我就会问："你为什么选择这样回答？"在我的家里，每个人都明白，我们总有选择的权利，谁都不会成为受害者，从来都不会。每个人都要对自己的行为负责，我们不能把自己的境遇归咎于他人。

有时孩子会问："那么，我该怎么回答呢？"我的回答始终都是："发挥你的聪明才智和主动性。"凭借这两者，最终肯定能解决问题。久而久之，我们家就流传出一个经典笑话：爸爸认为聪明才智和主动性是所有问题的答案。我承认我的确是这样想的，我觉得发挥内在才智和创造力是面对生活挑战的最好方式。

读《解惑：心智模式决定你的一生》时，我正在杨百翰大学任教。我非常喜欢这本书，甚至把它列入我主讲的《组织行为和管理》这门课的必读书目。我还通过和学生们签订合约的方式告诉他们责任是什么，学生们要在合约中简述自己希望通过这门课取得怎样的成绩，或者说他们将做出什么贡献。然后，由他们决定各自将采用什么样的责任制度，这样一来他们不仅对自己，而且对与他们共同生活和学习的人也负有责任。

让学生们背负学习责任的教育方法的确改变了他们的生活。他们在自控能力上不断跃上新台阶，这不仅体现为学习成绩的提高，也表现在他们参与了更多的锻炼、养成了良好的饮食习惯和开始有意识地生活等方面。

我曾经有个学生，多年来靠自己的威望、英俊的外表和运动能力，多多少少有点儿人缘。有一天，他走进我的办公室，询问他的课业成绩。我说："不要来问我。去问你自己的内心，或者和你交好的那些人，他们是怎么评价你的？"

"噢，你知道……"他把所有导致他表现糟糕的理由列数了一遍。我对他说："瞧瞧你都在做什么吧。你在说明你是所处环境的受害者。你的做法跟我们原先的承诺背道而驰，这是你应得的分数。"后来这个学生告诉我："你无法想象这件事对我生活的影响有多大，它让我感觉到有人在监督我，使我再也不能放弃生活的责任。"

如今，我讲授的大部分内容都得益于《活出生命的意义》和《解惑：心智模式决定你的一生》带给我的启发。这两本书过去在我心里播下的种子已经开始生根发芽，并在父母赋予我的包容的沃土中茁壮成长。我对他们不胜感激，感谢弗兰克尔和舒马赫，是他们使我可以和大众共同分享这"丰收"的喜悦。

推荐序二

理查德·巴雷特 [1]
巴雷特价值中心（Barrett Values Centre）主席

从内心探寻困惑之源

在去世前 5 天，舒马赫将这本书的手稿交给了他的女儿，并留下了这样一句话："这就是我毕生的追求。"舒马赫是当时最杰出的思想家之一，即使在当今世界，他对人生的各种问题，以及它们之间的相互联系的见解，也有着十分独到之处。比如就个人而言，我们应该如何从实际意义上看待人生并达到平衡。在当今这个忧患日益增多

---

[1] 理查德·巴雷特（Richard Barrett，生于 1945 年 3 月 7 日）是一位英国作家，主要撰写有关领导力、价值观、商业、社会文化发展等领域的文章。他于 1997 年创立了巴雷特价值中心，这是一家管理咨询公司。

的世界中，重温他的话语也许比他在世的时候更加重要，他的远见卓识，指引着我们获得高水平的健康与幸福，而不是追求虚幻的消费性慰藉。

当我们把最简单、最细微却又非常重要的事情搞砸时，往往会暴露出最大的问题。可以说，这本书是一部人生指南，它揭示了当下许多恶劣文化和社会影响因素的隐患，比如我们只依赖那些业已证明的事物。更重要的是，它还介绍了获得并发展对我们自身乃至整个社会有利的高层次意识力量的益处。这为我们按当下思维无法解决的许多问题提供了答案，在某种意义上，也是当今社会中的"缺失环节"。如果我们对物质、社会和个人变革需求的意识达到平衡，那么我们的消费行为也将具有可持续性。我将这种理想状态称为"全谱意识"，数十年来与我合作推行这项工作的企业和组织也对这一词语十分了解。

在阅读《解惑：心智模式决定你的一生》之时，有几点可能会让你有所触动。

第一，它所呈现的结构性思想、模式和"真理"都是以文字记录为参考的，基于古今思想家对各种事物的广泛认识。舒马赫被认为是 20 世纪六七十年代出现的整体思维的先锋，尽管他会说自己并没有提出什么新的见解。他所提炼出来的只是我们需要了解的重要而简单的事情，而表达出的真实却是永不过时的，也是非常美妙的。舒马赫不是在灌输一种思维方式，而是在反映一种存在之道，这种存在之道是需要我们每个人自己来消化理解的。

第二，舒马赫解释了在人类意识发展过程中出现的问题，更确切地说，是整个社会在过去的数百年中偏离了意识的发展，却追逐虚假神灵的谬误，比如笛卡儿给出的例子、现代科学主义、个人通过消费满足自身欲望等等。他阐明了在许多现代文化中积淀下来的失去平衡的局限性思维，以及我们在过去的 50 年里走入的死胡同，并鼓励我们重回正轨。遗憾的是，他的话并没有受到广泛关注，因此，随着全球人口迅速增长，经济预期不断提高，这些信息在当下显得更为重要，而需要弥合的鸿沟也越来越大。这些解释的表达措辞非常清晰明了，十分容易理解，同时又不失庄重，从而加快了有好奇心而又有思想的人 ① 之核心本质的显现，即追求简单、真实和幸福。舒马赫在引导我们去了解当今的主流文化和媒体偏见如何与现实格格不入，以及由此导致的我们现今面临的一些大麻烦。

第三，也是本书了不起又值得高兴的一点，舒马赫定义了一种宇宙观和存在方式，解释了我们如何通过将古代智慧和现代思维融会贯通，来逃脱死气沉沉的阴郁黑暗。他能够将上层观点转换为个人的想法和行动，从而帮助我们引导自己去追寻体现我们生命意义的、更为充实的生活。舒马赫出色地弥合了过时信仰、新时代和科学主义思想之间的鸿沟，因此时至今日，他依然像在七十年代那般有着重要影响。他坚信，当今世界的弊病都是可以解决的，但是这需要不断地进行个人反思，并通过他所提出的经验和自我约束来提升自我意识。一个对个人

---

① 我在这里用舒马赫的话来形容全人类，他认为每个人在思想和行为上都是平等的、有价值的和重要的。

而言最具挑战性的事实是，只有深入践行自我承诺，我
们才能解决这些问题。

他列出的问题和解决方案也许会令你感到震撼，但是各
种现代组织解决问题的实例确实能够体现舒马赫所描绘
的积极景象。是哪些因素在阻止组织取得更好的业绩？
在越来越多的顾问和专家对此进行的分析中，体现了与
舒马赫所说类似的观点：领导者对自身的认识不足，以
及他们让下属敬而远之的沟通方式，在更深层的意识中
埋下了"障碍"。人们似乎经常回避各种关键问题，这是
因为他们没有相应的认识、语言或结构化的体系来面对
这些问题。由于视角过于局限，不可避免地导致了士气
低落、缺乏凝聚力以及在执行方面缺乏连续性。但令人
欣慰的是，基于正在被破坏的基本价值，各种工具正在
被开发出来，以弥合企业在此方面产生的缺口。只有消
除这些"障碍"，才会让更多的人凝聚在一起，为组织做
出贡献。这样无论是企业业绩，还是员工满意度，都会
创造共赢的局面。舒马赫通过本书为我们提供了指导，
让我们按照自己选择的道路，为自己的人生做到这一点。

我们应该感到庆幸，舒马赫并没有在本书中写什么让人难以理解的内容，而实际上，只要我们能够在恰到好处的层次上接近它们，并充分调用我们的直觉，就会发现多数答案都是简单直接的。舒马赫还向我们指明，哪些问题需要有效地遵循铁一般的事实科学（汇聚性问题），哪些问题需要遵循更高的价值观（在思考"四种认知领域"中保持平衡）。

我很清楚，人类所经历的困惑程度以及我们解决问题的能力，与我们对自己直觉"第六感"的本质（抑制纯粹的私心，探寻内心的真实感知）和人类集体的本质产生共情的能力直接相关。在这个喧闹嘈杂的世界里，这种平静的声音需要被培养和保护。我们看待世界，并不是以它的客观存在为基础，而是囿于我们在定义自我之时所依靠的信念、价值观和假设。困惑的根源最终不在于我们所面临的问题，而在于我们自身。随着自我认知的不断深入，我们对他人的认知也在不断深入。而我们在发展掌控世界的能力的过程中，却与我们的信念、价值观以及我们与世界的道德关系失去了平衡。我们认同的也就是我们所关心的。舒马赫呼吁我们每天都要进行反思，经历一次次的内心旅程。只有变得更加睿智，从内心治愈自己，我们才能通过外在的方式自然而然地治愈地球。

在此，感谢黛安娜·舒马赫（Diana Schumacher）、芭芭拉·伍德（Barbara Wood）、尼古拉·舒马赫（Nicola Schumacher）和彼得·布鲁斯（Peter Bruce）提供的帮助，让我在写本篇序言之时能够理解舒马赫想法的本质。

在思维的地图上

没有标在地图上的教堂

我在几年前[1]去列宁格勒（现圣彼得堡）时，有一次为了弄清自己所处的位置，查看了一幅地图，结果却没能厘清头绪。我眼前是几座宏伟的教堂，可在地图上，却找不到这些教堂。最后终于有位翻译过来帮我，他说："我们不在地图上标注教堂。"我指着地图上清楚标明的一座教堂向他表示我的疑惑。"这是一家博物馆，"他说，"这不是我们当地所说的那种'还在使用的教堂'。对那些'还在使用的教堂'，我们不予标明。"

当时我想：这已经不是头一回了，眼前明摆着的好些东西，在人家给我的地图上却统统找不到。从小学到中学再到大学，在我拿到的那些有关生活和知识的地图上，压根儿就找不到我最在乎以及在我看来对我的生活至关重要的很多事物。我记得，我在满腹疑惑中度过了好多年，那时也没有翻译过来帮我。直到我不再怀疑自己的看法是否理智，转而怀疑地图是否全面可靠时，这份疑惑才有所减轻。

我手上的那些地图向我表明，我的所有先辈都是些可悲的幻想家，因为他们用非理性的信仰和荒唐的迷信来指导自己的生活，这一状况直至近年才有所改观。可甚至就连约翰内斯·开普勒或艾萨克·牛顿这样杰出的科学家，也把他们的多数时间和精力用在了对不存在的事物的荒谬研究上。纵观历史，来之不易的巨额财富被挥霍在人们想象出来的神祇的尊崇和荣耀上——不光是我的欧洲祖先这样做过，全世界的所有人，世世代代都这样做过。到处都有成千上万看似健康的男男女女屈从于毫无意义的约束，比如自愿斋戒，用禁欲折磨自己，把时间浪费在朝圣、奇特的仪式、反复的祈祷之类的事情上。他们背过身去，不肯面对现实——甚至在这个文明时代，还有人在这样做！他们这样做没有任何意义，完全是源于愚昧和愚蠢。如今这些东西除了作为博物馆的陈迹，不应该再被认真对待了。我们是从什么样的错误历史中一路走来的啊！每个当代孩童都知道是幻想和虚构的东西，我们的前人却信以为真，这是怎样的一段历史啊！如今，我们的整个历史，除了最近的这个阶段，都只适合放进博物馆陈列起来，人们可以到那儿去满足他们的好奇心，看看他们的先辈是多么的古怪无能。我们的祖先写下的东西，大体上也只适合存放在图书馆里，作为陈迹，供历史学家和其他专业人士研究、写书。过去的知识被视为是有趣的，偶尔也是令人振奋的，但对解决当前的问题而言，它们没有什么研究价值。

而学校教给我的就是这些！还有其他一些类似的内容，不过不像我说得这样言简意赅、直截了当。但在这件事上，毫无禁忌地直言不讳是不可取的——对祖先们必须尊重；对于自己的落后，他们也无能为力；他们付出了艰

苦的努力，有时甚至碰巧接近了真理。他们对于宗教的
投入，只是他们所处社会环境不够成熟的诸多表现之一，
这对那个时代的人而言也是情理之中。甚至在今天，人
们对宗教还是抱有一定兴趣，所以前人对宗教的兴趣更
是可以理解的。人们仍然允许在适当的场合提到上帝或
造物主，尽管每个受过教育的人都知道，其实并没有什
么上帝，当然也没有能够造物的神明，我们周围的事物
之所以存在，是一系列无意识的进化演变的结果，是随
机和自然选择的结果。可惜的是，我们的祖先无法了解
进化的理论，因而编出了所有这些异想天开的神话。

为真实生活设计的、真实知识的地图，上面除了据说是
经得起检验、确乎存在的东西，别无他物。哲学地图的
绘制者们的首要原则，似乎就是"如有可疑，就将它排
除在外"，或者把它放进博物馆。但我觉得，什么才是经
得起检验的这一问题十分微妙，并不容易回答。如果将
这项原则反其道而行之，改成"如有可疑，就将它突出
标明"，岂不更为明智？毕竟，在某种意义上，无可置疑
的事情显得死气沉沉的，它们对生者没什么挑战。

认定一样事物是真实的，总会有犯错误的风险。如果我
把自己的思维局限在我认为无可置疑的知识范畴里，那
么我的确降低了犯错误的风险，但同时我也提高了另一
种风险——遗漏掉人生中最微妙、最重要或者最有益的事
物。继亚里士多德之后，托马斯·阿奎那教导人们说："从
最崇高的事物中可能获取的最可疑的知识，也比从低微
的事物中获取的最确凿的知识更可取。"[2] 在这句话里，"微
妙"知识是作为"确凿"知识的反面出现的，表明了它
的不确定性。也许这一情况在所难免，但唯其如此，崇
高的事物才不会像低微的事物一样容易被人们了解，否
则的话，一切事物就都无可置疑了，全部知识只能局限
于无可置疑的事物，这样的话，反而是巨大的损失。

学校教育给我的思维地图，不仅像我在前文提到的列宁
格勒地图一样，上面没有标明"还在使用的教堂"，也
没有标明医学、农业、心理学、社会学和政治学等巨大
"非正统"领域的理论与实践，更遑论艺术和所谓的超自
然或超常现象了，即便偶尔提及超常现象，也只把它们
说成是心智不健全的标志。而且，在这张"地图"上体

现出来的所有最明显的教条，都认为艺术不过是一种自我表达或逃避现实的可能方式而已。即使在大自然当中，除了偶然所致，也不会有什么艺术美感；就是说，哪怕最美丽的外表，也可以充分归结为——我们是这样被告知的——生物生殖的效用，影响着自然选择。其实，除了"博物馆"，整幅地图从左到右，从上到下，都是用功利主义的色彩绘制的：凡是在地图上有所体现的，都可以理解为是对人的舒适有益的，或者对无处不在的生存斗争有用的内容。

不足为奇的是，我们对地图上给出的细节越是备感熟悉，也就是说越是接受它给出的内容，并习惯于它不给出其他的内容，我们就会变得越发迷惑、不快和愤世嫉俗。但我们当中的某些人都曾有过与已故的莫里斯·尼科尔（Maurice Nicoll）博士在下面这段叙述中相似的感受：

> 有一次，在礼拜天的一堂希腊文《新约》课上，经校长允许，尽管我结结巴巴，但还是壮起胆子提问某个寓言究竟是什么意思，可我得到的回答十分令

人费解，这让我头一次经历了恍然大悟的一刻——
我突然意识到，其实所有人都一无所知……从那一
刻起，我开始自己动脑思考，或者说，我知道我可
以这样做……我清楚地记得那间教室的模样，窗户
开得高高的，好让我们看不到外面，还有那些书桌，
校长就座的那个讲台，他那学究气的瘦脸盘儿，他
扯动嘴角和双手抽动的神经质习惯，还有那一瞬间
我知道他一无所知这一内心的发现——所谓"一无
所知"，指的是对真正举足轻重的事情。这是我的内
心第一次从外部生活的力量中得到解脱。从那时起，
我确定无疑地知道这意味着我所依凭的总是个人内
心的可靠洞察，这是唯一的、真正的知识源泉。而
我对人家传授给我的宗教知识所抱的厌恶，都是正
常的。[3]

这些以唯物主义科学观绘制的地图，让所有至关重要的
问题悬而未决。更有甚者，连可能获取答案的途径都不
肯标明，它们否认这些问题的存在。半个世纪之前，在
我的青年时代，这一状况令人绝望；如今更是雪上加霜，

人们运用更为严谨的科学方式对待一切课题和学科，将古代智慧的最后一抹残余也摧毁殆尽——至少在西方是这样。有人以科学客观性的名义大声宣告："价值和意义只不过是心理防卫机制和反向作用而已"[4]；人"只不过是由氧化系统驱动的复杂生化机制，这种氧化系统为计算机提供了强大的存储设备，以保存编码信息"[5]；西格蒙德·弗洛伊德甚至向我们保证："对此我可以肯定地说，人的价值判断，受他们对幸福之欲求的绝对主宰，因此价值判断只是他们用各种论据来为自己的幻想提供支撑的一种尝试而已。"[6]

这些以客观科学之名做出的论断带来的压力，人们如何经受得住？除非像莫里斯·尼科尔那样，突然获得"这一内心的发现"，领悟到不论说出这些话的人有多么博学，他们对真正重要的事其实都是一无所知的。人们要的是面包，他们给的却是石头。人们恳求被指点要怎么做才能"得救"，结果却被告知救赎的想法没有任何可以理解的内容，只是初期的神经官能症而已。人们渴求被指引，想知道作为有责任感的人应当如何生活，结果却被告知自己就像是计算机那样的机器，没有自由意志，因此没有责任可言。

在神智健全方面毋庸置疑的精神病医生维克托·E.弗兰克尔博士说："当前的危险其实并不在于科学家职能的普适性缺失，而在于他自诩可以包打天下……因此我们必须反对的，并不是科学家专业化，而是科学家泛专业化。"在多个世纪的神学霸权主义之后的近三个世纪里，我们处于更加咄咄逼人的"科学霸权主义"当中，其结果便是一定程度的迷惑和无所适从，这一现象在年轻人当中尤为突出，甚至到了足以让我们的文明随时崩溃的地步。"今天真正的虚无主义，"弗兰克尔博士说，"就是简化论……当代虚无主义挥舞的不再是'虚无'这个词；今天的虚无主义伪装成'没有别的，只有某某'的面目出现。人类的现象就此变成了次要现象。"[7]

但这些仍然是我们的现实，是我们目前要面对的一切。在这样的生活中，我们发现自己仿佛置身于一个陌生的国度。奥尔特加·加塞特曾说："生活仿佛是冲着我们径直发射过来的。"我们不能说："等一下！我还没准备好呢，等我厘清头绪再说。"在我们还没做好准备的时候，就要做出决定；在我们还没有看得清楚分明的时候，就要瞄准目标。这乍看起来很奇怪，也很不合理。人似乎没有被充分地"编排好程序"。人们不但在出生时及之后的很长一段时间里完全无助，甚至就算完全长大，行动也不像动物那样稳健。他们犹豫、怀疑、改变主意、东奔西跑，不知道如何才能得到自己想要的，更重要的是，他们不确定什么才是自己想要的。

像"我应该做什么？"或者"我要做什么才能得救？"这样的问题之所以古怪，是因为它们与目的有关，而不是与手段有关。这些问题没有标准答案，比如"告诉我你想要什么，我就告诉你如何得到它"。而问题的关键就在于，我不知道我想要什么。也许我只想要幸福，但回答却是："告诉我你需要什么才能幸福，然后我再建议你该怎么做。"这个答案还是不合适，因为我不知道我需要什么才能幸福。也许有人说："要想幸福，你需要智慧。"但什么是智慧？"要想幸福，你需要能让你获得自由的真

理。"但什么是能让我们获得自由的真理？谁能告诉我
它在哪儿？谁能带我去找它，或者起码为我指明寻找的
方向？

在这本书里，我们将尝试着把世界作为一个整体来看待。
有时，这一做法被称作"哲学思考"，而哲学一向被定义
为对智慧的热爱和追求。苏格拉底曾说："惊奇是哲人常
有的感受，哲学始于惊奇。"他还说："没有哪个神灵是哲
学家，或者会去寻求智慧，因为他已经有智慧了。愚昧
无知之徒也不会寻求智慧，由于愚昧无知这一弊病，导
致他尽管既不善良也不聪明，但他仍然安于现状。"[8]

把世界当作一个整体来看待的方法之一，就是借助地图，
也就是某种示意图或略图，图中标明各种事物的位置，
当然，不是所有事物，否则的话，地图就得跟世界一样
广阔了。所以，地图上标明的事物只是最突出的、对指
明方位最为重要的，也就是醒目的地标，你不可能注意
不到它们。倘若你真的错过了它们，你就会茫然失措。
而任何调查研究最为重要的就是开端。人们常说，一旦

开端出了岔子或者流于肤浅，在后续研究阶段里即便采取最严密的方法，也于事无补。[9]

绘制地图是一门经验主义的技艺，它运用了高度的抽象技术，但绝非完全闭门造车，脱离现实。可以说绘制地图的座右铭是"接纳一切，什么也不舍弃"。如果某种东西是存在的，如果人们注意到了它，对它抱有兴趣，那它就必须出现在地图上，在正确位置予以标明。但绘制地图并不是哲学的全部，正如地图或旅行指南不是地理学的全部一样，它只是一个开端。如今人们提问"所有这一切究竟意味着什么"或"我该拿我的人生怎么办"时，欠缺的就是这样一个开端。

我的地图或旅行指南构筑的基础，是对四大真理的认识。可以说，它们就是地标，它们十分突出，无所不在，不论你身在何方，都能看到它们。倘若你对它们有充分的了解，就能时刻凭借它们找准自己的位置；倘若你认不出它们，就会迷失方向。

这本旅行指南讲的是"人生在世"的事儿。这句简简单单的话表明，我们要研究：

1. "世界"；
2. "人"——我们用来应对"世界"的装备；
3. 我们认识世界的方式；
4. 在这个世界上"生活"意味着什么。

有关世界的真理，就是世界的结构是分层次的，至少可以划分为四种存在的层次。

有关人用来应对世界的装备的真理，就是"契合"（adaequatio）原则。

有关人认识世界的真理，与心智的"四种认知领域"有关。

有关人生，有关人生在世的真理，与"汇聚"和"发散"这两者之间的差异有关。

我们要搞清楚：地图或旅行指南并不能"解决"问题和"解释"奥秘，它只能帮人辨认它们。正如佛祖的遗言中所说的那样，每个人的任务都是"尽力而为，寻得救度"。

无可置疑的真理就是全部真理吗

近代欧洲哲学家很少是忠实的地图制作者。比如笛卡儿（1596—1650），现代哲学在很大程度上都要归功于他，他曾用一种非常特殊的方式完成自己设定的任务。他说："那些寻找通向真理的捷径的人，不应该为任何无法与数学和几何学的论证相媲美的对象劳神。"[10] 只有"与我们的智力相匹配的、确定无疑的知识，才可以占用我们的注意力"。[11]

笛卡儿，这位现代唯理论之父坚称"我们永远都不该信

服未经我们的理性证实的事物"，而且特别强调他说的是
"我们的理性，不是我们的想象或感觉"。[12] 理性的方法则
是"一步步削减复杂、模糊的命题，使之简化，随后从
这些非常简单的命题开始，进行直觉化理解，再用类似
的步骤，努力认识其他命题"。[13] 构想出这一方案的，是
一个既深刻又狭隘得可怕的心灵，其狭隘在下面这项规
则中得到了进一步体现：

> 如果我们在有待研究的事物中臻至这样一种境地——
> 我们的理解力无法实现直觉的认识，那我们就必须
> 就此打住。我们必须停止研究后续内容，免得多费
> 力气。[14]

笛卡儿之所以将其兴趣局限在精确、确定无疑的知识和
观念里，是因为他的首要兴趣在于，我们应当成为"自
然的主宰和拥有者"。他认为倘若事物不能以这种或那种
方式予以量化，那就没有什么东西是精确的了。正如雅
克·马利丹所说：

对笛卡儿来说，对物质世界的数学认识，其实并非对现象的某种阐释……某种不能讲清事物基本原理的阐释。对他来说，这种数学认识揭示了事物的本质。他用几何延伸（geometric extension）和局部运动（local movement）对这些做过详尽的分析。全部物理学，亦即物质世界的全部哲学，没有别的，只有几何学。

这样一来，笛卡儿哲学的依据径直指向了机械论。它将物质世界机械化；它曲解了物质世界；它消灭了让事物象征精神的一切、让事物分担造物主智慧的一切、让事物向我们倾诉的一切。宇宙由此变得喑哑无声。[15]

没有人能保证我们的世界是这样构造的，即无可置疑的真理就是全部真理。那又是谁的真理容易被谁所掌握呢？人？任何人吗？所有人都能够掌握所有真理吗？正如笛卡儿所说，人的内心会对它无法轻易理解的一切产生怀疑，而有些人的怀疑倾向更甚于另一些人。

笛卡儿打破传统，横扫一切，从头开始，独立弄清所有的事。这种傲慢后来变成了欧洲哲学的"风格"。正如马利丹所说："每一位现代哲学家都是一位笛卡儿主义者，认为自己是从绝对事物出发，肩负给人们带来对世界的全新理解的使命。"**16**

所谓的哲学"已经被有史以来头脑最出众的人耕耘了好多个世纪，然而其中仍然找不出一样毫无争议的东西"**17**的事实，最终促使笛卡儿"从智慧中撤退"，专注于数学和几何学这样可靠和不容置疑的知识。弗朗西斯·培根（1561—1626）早已提出过类似的观点。怀疑主义，哲学中的一种失败主义，变成了欧洲哲学的主流，而欧洲哲学貌似有理地坚称，人类的思维存在严重的局限性，对超出人类思维的问题感兴趣是没有意义的。传统智慧认为，人的思维虽然无力，却是自由不羁的，它可以超越自身，达到更高的境界。新思想则坚定地认为思维的边界是狭窄而固定的，可以清楚地测定，但在这些边界以内有着无限的力量。

从绘制哲学地图的角度来看，这种观念意味着极大的简化：人类感兴趣的全部领域，先辈们投入最多精力的领域，从地图上消失了。但这同时带来一种更为严重的倒退和简化：传统智慧总是把世界呈现为一个三维结构，在这个结构中，时时处处都区分事物的"高"、"低"和存在的层次，这样的区分具有至关重要的意义。而新思想果断地，甚至狂热地，决心摆脱纵向维度——如何才能对像"高""低"这样的定性概念有清晰而准确的认识呢？用定量测量取而代之，难道不正是理性最紧迫的任务吗？

也许笛卡儿的"数学主义"已经走得太远了，因此伊曼纽尔·康德（1724—1804）决心重新确立一个起点。但正如无与伦比的法国哲学家艾蒂安·吉尔松（1884—1978）所说：

　　康德并未从数学转向哲学，而是从数学转向物理学。正如康德本人随后认定的："从根本上说，形而上学的真正方法与牛顿引入自然科学的方法一样，它已经结出了累累硕果……"《纯粹理性批判》巧妙地论述了人类思维的结构应有的样子，以便说明牛顿式的自然观念何以存在，它还假定这一自然观念是合乎现实的。没有什么比它更清楚地表明，物理学作为一种哲学方法，存在哪些先天不足。[18]

数学和物理学都不能接受"高""低"这样定性的概念。因此，纵向维度从哲学的地图上消失了，此后哲学专注于"他人是否存在？""我怎么可能知道任何事情呢？""他人的体验与我的体验近似吗？"这类有些牵强的问题。对人们如何选择生活方式这一难题，哲学再也帮不上什么忙了。

艾蒂安·吉尔松将哲学的适当任务表述如下：

> 这是哲学永恒的职责：安排、管理远为宽泛的科学认知领域，评判人类行为中远为复杂的问题。这是哲学永无休止的任务：将古代的科学限定于它们的天然局限内部，将它们的地位和局限分派给现代科

学。最后，但并非最无关紧要地，还要做到：不论环境如何变化，都要确保人类的所有活动处于同样的理性支配之下，人类就是单凭这样的理性来评判自己的成就，继上帝之后，掌握自身的命运。[19]

从尘世生活的沉思中获得最高幸福

纵向维度的消失，意味着再也不可能就"我该如何生活？"这一问题给出恰当的答案。而仅能给出的功利主义答案，可能是更加个人主义和自私的，也可能是更加社会化和无私的，但都难免是功利主义的，不是"尽可能让你自己过得舒适"，就是"为最多的人谋求福祉"。同样无从确定的问题，还有人与动物有何区别。人是"高等"动物？也许是吧，但这句话只在某些方面成立；而有的时候，动物也可以比人"高等"，因此最好还是避免使用"高等"或"低等"之类的含混字眼，除非在进化论的语境下严格使用。因为在进化论的语境下，"高等"通常与"后来出现"有关，人类无疑是后来出现的，因此可以认为，人类站在进化阶梯的顶端。

所有这些都无法得出"我该如何生活？"的有用答案。帕斯卡（1623—1662）曾说："人希望幸福，只为幸福活着，不可能希冀不幸。"[20]但康德等见解新颖的哲学家们坚持认为："人永远无法确切、始终如一地说出他真正想要的是什么"，人无法"确定什么能使他真正幸福，因为要确定这一点，他得做到无所不知才行"。[21]而传统智慧则给出了令人宽慰、浅显易懂的回答：人的幸福就是往高处走，发展自己的最高能力，获得与更高甚至最高等的事物有关的知识，如果可能的话，直至"看到上帝"。如果一个人往低处走，只发展自己与动物都具备的低等能力，那他就会非常不幸，乃至绝望。

托马斯·阿奎那确信无疑地提出：

　　　若非提前知悉一件事，人是不会凭着欲望和努力去做的。因此人在神意的指引下，趋向于追寻生活中人性脆弱处所能臻至的更高的善……他的心有必要投向那些高明之物，它们超越了他的理性在生活中所能达到的境界，这样他才会有所追求，努力接近超越当前生活整体状态的事物……哲人们正是以此为动机，让人摒弃感官愉悦，追求美德，并向我们表明，有些善行比感官愉悦更有价值。而对投身于活跃或沉思的美德的那些人而言，这些善行带来了更多的愉悦。[22]

这些教诲正是世界各地的人们遗留下来的传统智慧，现代人对此已经无法理解，尽管现代人想要的也无非是超越"当前生活的整体状态"。人们希望通过变得富有、不断提高出行速度、登月和太空旅行来实现这一目标。再听听托马斯·阿奎那是怎样说的：

人有一种欲望，这种欲望对人和其他动物来说都很常见，那便是享乐的欲望。人对这种欲望的追求，主要通过一种耽于享受的生活、缺乏克制的放纵来实现。而在另一种"神圣的图景"中，有胜过感官愉悦的、最完美的愉悦，因为心智高于感官；因为胜过所有感官之乐、令我们感到喜悦的善，更加深透，更加持久；还因为这种愉悦不含任何悲伤、烦恼或忧虑的成分……

在凡世生活中，没有谁比那些竭力思考真理的人更能享受这种无上、完美的幸福了。所以那些无法充分认识至福的哲人，认为人能从尘世生活的沉思中获得最高的幸福。出于同样的原因，《圣经》称赞沉思的生活胜过其他形式的生活，基督曾说（《圣经·路加福音》第 10 章第 42 节）：马利亚已经选择那上好的福分（即对真理的沉思），是不能夺去的。因为对真理的沉思始于尘世生活，但会在来世得到圆满，而活跃的和市民的生活无法超越尘世生活的局限。[23]

多数当代读者不愿相信，当代社会对于获得完美幸福的方法一无所知。但相信与否并不是此处要讨论的问题。关键在于，没有"高""低"这一定性的概念，就无法构想出比个人或集体的功利主义和自私自利更为高明的人生大计。

看清世界结构有层次之分，才能区分出不同存在的高下
之别。这是认识世界必不可少的条件之一。如果没有这
种分辨能力，就很难认识到万物都有其合情合理的地方。
只有对存在的层次给予充分考虑，才能理解世间万物。
许多事物在低级的存在层次上是真实的，在高级的层次
上就会变得荒谬；反之亦然。

所以接下来，我们要研究一下世界的层级结构。

章二

世界的四大存在层次

第一座地标

我们的首要任务是将世界作为整体来看待。

我们看到的，正是我们的祖先一直以来所看到的：一条巨大的"存在之链"。它看起来可以自然而然地划分成四个部分——常常被称作四"界"：无机物、植物、动物和人。这一认识"其实直到一个多世纪以前，也许一直是对万物的总体体系，对世界基本模式最为人熟知的构想"。[1] 存在之链既可以看作从最高向最低的延伸，也可以看作从最低向最高的延伸。古代的存在之链始于神圣事物，并认为沿着链条越是向下，越远离中心，事物的品质也渐渐降低。而现代的看法在很大程度上受进化论影响，倾向于从无生命的物质开始，并且认为人是链条的最后一环，拥有最广泛的实用本领。就我们的意图而言，考察的方向是向上还是向下，在此无关紧要，我们就按照现代的思维习惯，从最低的级别——无机物界看起吧，且让我们随着存在级别的提升，对其品质或能力的递增加以思考。

任何人都可以轻而易举地辨别出，活生生的植物和因为死去而沦落到最低存在层次的无生命物体的植物之间，存在着令人惊异的神秘差别。因死亡而失去的这股能力是什么？我们称之为"生命"。科学家告诫我们，一定不要说什么"生命力"，因为从未发现有这样的力存在；但有无生命的差异是存在的。我们且将这种差异称作"x"，以此示意某种有待观察研究，暂时无法解释的东西。如果我们把无机物层次称为"m"，那么植物层次就可以称作"m+x"。"x"这一要素显然值得我们密切注意，因为尽管我们对它一无所知，而且无法制造它，但我们却有能力将它摧毁。哪怕有人给我们一个秘方，一套指令，告诉我们生命是如何从了无生气的物质中创造出来的，"x"的神秘特性也依然如故，我们也止不住对它的赞叹——原本什么也做不了的东西，现在能够从环境中汲取养料了，能够增长和繁殖了，能够成形了。没有任何物理和化学的原理、概念或公式能够解释，甚至能够描述这样的能力。"x"是一种相当新奇的、外部添加的东西，我们对它的思考越深入，它就显得越发珍贵。而我们所面对的这种情况，可以称为本体论意义上的不连续，或者说得再简单些，就是存在层次的跃迁。

从植物到动物，也存在着类似的跃迁和外来能力，从而使得典型的、充分发育的动物能够做一些典型的、充分发育的植物完全做不来的事。同样，这些能力也是神秘的、无以名之的，我们可以用字母"y"来表示它们，这是最保险的做法。因为倘若我们用任何文字标签来描述它们的话，会让人以为这种描述不仅仅是一种暗示，还是一种充分的表述。但我们又无法将语言舍弃不用，因此我给这些神秘的能力贴上"意识"的标签。不难发现，猫、狗或马是有意识的，因为如果把它们打得昏迷不醒，它们就会陷入类似植物的状态。此时尽管动物失去了特殊的意识能力，生命的进程还是在延续的。

如果用上述术语将植物称作"m+x"的话，那么动物就可以描述为"m+x+y"。同样，"y"这一要素也值得密切关注，我们可以摧毁它，但无法将它制造出来。凡是我们可以摧毁却无法制造的东西，在某种意义上都是神圣的，因为我们对它的"解释"，其实并未说清任何问题。与"植物"层次相比，我们同样可以说，"y"是一种相当新奇的、外部添附的东西，一种本体论意义上的不连续，存在层次上的跃迁。

没有人能郑重其事地否认，从动物的层次到人的层次同样存在着从外部添附的能力。这股能力究竟是什么，已经成为现代的争议问题；但有这样一个事实，那就是人能够做并且正在做的不计其数的事，都是进化程度最高的动物也无法做到的。这无可辩驳，也无可否认。人除了拥有植物般的生命能力、动物般的意识能力，显然还有别的东西：神秘能力"z"。它是什么？如何界定？如何称呼？能力"z"无疑与人的思考能力和意识到自己的思考能力大有关系。可以说，意识和智力是相互作用的。人不光有意识，还能意识到自己的意识；不光会思考，还能观察和研究自己的想法。有一种能够说出"我"字，并且引导意识使之符合自身意图的东西；一个主人或控制者，一股比意识层次更高的能力。这种能力"z"能作用于自身的意识，为有目的地学习、调查、探索、整理和积累知识开创了无限的可能。我们该如何称呼它好呢？因为确实需要有文字标签，我就把它称作"自我意识（self-awareness）"吧。但我们要始终谨记，这样的文字标签只是（在此借用佛教的说法）"指示月亮的手指"而已。"月亮"本身神秘莫测，如果我们想对人在宇宙中的位置有所了解，就要用最大的耐心和毅力去研究。

我们对四大存在层次的初步审视，可以归纳如下：

"人"可以写作：$m+x+y+z$

"动物"可以写作：$m+x+y$

"植物"可以写作：m+x

"无机物"可以写作：m

x、y 和 z 都是看不到的，只有 m 是看得到的；它们很难捉摸，但它们带来的效果却是时常可见的。

如前所述，除了把"无机物"作为我们的基准线，随着能力的递增来达到更高的存在层次，我们还可以从所了解的最高层次——人开始写起，随着能力的递减，回到最低的存在层次。即：

"人"可以写作：M

"动物"可以写作：M-z

"植物"可以写作：M-z-y

"无机物"可以写作：M-z-y-x

对我们来说，像这样"向下"的图示，比"向上"的图示更容易理解，因为它更符合我们的实践经验。我们知道所有这三种要素——x、y 和 z——都会减弱、消亡，我们还可以故意破坏它们。自我意识可以在意识存续期间消失，意识可以在生命延续期间消失，而生命消失后，会留下一具了无生气的尸体。我们可以观察到，甚至感觉到自我意识、意识及生命的减少和完全消失。但要把生命赋予无生命的物质，把意识赋予生物，把自我意识的能力赋予有意识的生物，我们还做不到。

我们在某种意义上能够理解我们能够做到的事；对我们根本做不到的事，我们则无从理解——甚至"在某种意义上"也理解不了。进化作为一种生命、意识、自我意识的能力，如果从无生命的物质中自发、突然出现，是根本无法理解的。如果说从低到高的意外突变是可能的，那么一切都是可能的，我们的思想也不必设定界限。2 加 2 未必等于 4，也可能等于 5 或别的数；我们也用不着相信 2 减 2 就什么也不剩了——为什么不相信它会碰巧得 5 呢？

但眼下，我们还不必展开这样的思考。我们只要抓牢我们能够看到、体验到的东西就行，那就是世界是一个巨大的分层结构，由四种截然不同的存在层次组成。每一个层次的范围都非常广阔，且有高低之分。虽然低层次范围止于何处，高层次范围始于何处，或有争议，难以分辨，但这四种领域的存在是不可动摇的事实，并不因为边界偶有争议而发生变化。

物理和化学处理的是最低的层次——"无机物"。在这一层次，不存在 x、y 和 z，即生命、意识和自我意识（不管怎样，它们此时是完全不发挥效力的，因此无从察觉）。物理和化学无法在这三个方面告诉我们答案。科学对于这些能力毫无概念，也不能描述它们的作用。所有生命都有形式，有格式塔，它从种子或类似的起点不断地自我复制，后者起初没有这种格式塔，但在成长发育的过程中，衍生出了格式塔。这些并不符合物理或化学的图式。

有人说生命不是别的，只是原子的特定排列的一项属性而已。这种说法就好比说，莎士比亚的《哈姆雷特》不是别的，只是字母的特定排列的一项属性而已。然而那种字母的特定排列不是别的，而是莎士比亚的《哈姆雷特》。这部戏剧的法语版或德语版"有"着不同的字母组合。

当代"生命科学"的特异之处在于，他们很少研究生命本身——要素 x，而是将无限精力投入到对生命的载体的物理－化学研究和分析当中。这很可能是因为现代科学面对"生命本身"无从下手。倘若真是这样，那它就坦率地承认好了。生命什么都不是，只是物理和化学而已，这种说法是不能成立的。

下面这种说法同样不能成立：意识不是别的，只是生命的一项属性而已。把动物描述成一个极其复杂的物理－化学体系，无疑是十分正确的，只是这一说法遗漏了动物本身的"动物性"。不过至少还有些动物学家超越了这种博学的荒谬水准，掌握了认识动物的能力，而不是只把它们看作是复杂的机器。但他们的影响力目前还小得可怜，而且随着现代生活方式的"理性化"愈演愈烈，越来越多的动物遭到的对待，就好像它们不是别的，只是"动物机器"而已。（这个例子也有力地说明，不论那些哲学理论多么荒谬、有悖常理，在一段时间之后，它们也能变成日常生活中的"正常做法"。）

所有有别于自然科学的"人文学科"，都通过这种或那种形式，对 y 要素——意识——进行研究。但它们很少会描述出意识（y）和自我意识（z）之间的区别。结果，当代思想越来越不确定动物和人之间是否存在"真正"的差别。为了理解人性，他们对动物的行为做了很多研究。这与研究物理，希望借此认识生命（x）相差无几。自然，因为人在某种程度上包含着三种存在的层次，通过研究无机物、植物和动物，都可以说明人的某些状况，而且这些研究可以弄清人的所有状况，除了一点，那就是什么让他成其为人。人的所有四种成分——m、x、y 和 z——都值得研究；在为我们的生活提供指引的知识中，它们各自的重要性毋庸置疑。按照上面给出的次序，它们的重要性依次递增，现代人文学科研究所经历的困难和不确定性也随之递增。在物质世界，在分子、原子、电子和无数的其他微粒——据说从最粗陋的到最壮美的万物，无不是其复杂的组合——之外，真的还有什么东西存在吗？如果我们有把握说一切只是程度的差别，干吗还要谈论什么重大差异、存在之链的"跃迁"或"本体论意义上的不连续"？至于四大存在层次显而易见的差异，究竟理解为类型差别好，还是程度差别好，我们没有必要再为这个问题争执不下。所以，有必要充分理解的是，在生命、意识和自我意识之间，是存在类型差别的，而且不仅仅是程度差别的问题。也许这些能力的细微痕迹在较低的层次中就已经存在了，只是不易（或尚未）被人类所察觉而已。又或许，这些能力是在适当的场合，从"另一个世界"注入的。倘若我们承认这些能力的特质，能够始终记得它们远非我们的智识所能创造，就没有必要猜测它们的来源了。

要辨别"有生命的"和"无生命的"之间的差异并非难事；要从生命中辨别出意识，则相对难一些；而要意识到、体会出、承认自我意识和意识之间的差别（亦即区分 y 和 z），委实困难。困难的原因并不难找：虽说较高层次的存在涵盖了并在某种意义上能理解较低层次的存

在，但没有哪种存在能够理解比自身更高级的存在。而
人的确可以朝更高者努力靠拢，通过崇拜、敬畏、惊奇、
赞赏和模仿，让自己有所进步，通过臻至更高的境界，
减少自己的需求。不过这个问题我们还是以后再详谈吧。
但自我意识（z）这种能力在人身上发展得还是不够，以
至人无法认清它是一种独立的能力，往往只把它当成是
意识（y）的稍许扩展而已。正因如此，我们对人下了好
多定义，结果搞得人什么都不是，只是头脑过度发达、
智力超群的动物，或者是会制作工具的动物，或者是政
治性的动物，或者是不完善的动物，或者只是一头裸猿。
无疑，采用这些说法的人将自己也欣然地纳入他们的定
义之中，他们这样做不无道理。然而对其他人来说，这
些定义听起来只是疯话而已，无异于把狗定义为一株会
叫的植物，或者一棵会跑的卷心菜。没有什么比打着科
学的旗号，给人乱下既错误又低级的定义，比如"裸猿"
什么的，更能助长现代世界的残酷风气了。人们还能对
这样的生物，对其他"裸猿"，或者他本人，抱有什么期
待呢？当人们把动物说成是"动物机器"时，很快就开
始照此对待它们；当人们把人看成是裸猿时，所有通向

滥施兽行的门都打开了。

"人是什么样的杰作啊！他的理性何其高贵！他的本领不计其数！"因为人有自我意识（z）的能力，他的本领的确不计其数；他没有被禁锢，没有被限定，或者用时兴话来说，他没有被"设定好程序"。维尔纳·耶格尔（Werner Jaeger）曾讲过这样一个深刻的道理：人类一旦发掘了一项潜力，它就会存在下去。不是平凡之处，也不是任何泛泛之举或表现，当然更不是能从动物那里观察到的东西，而是最伟大的人类成就，定义着人。"并非所有人都能出类拔萃，"凯瑟琳·罗伯茨（Catherine Roberts）博士说，

> 但所有人都能通过学习良善的人性，明白作为人意味着什么，明白自己也要对人类有所贡献。尽可能地成为真正的人，是一件崇高的事。这并不需要借助科学的帮助。此外，一个人意识到自己的潜力，也许就能超越以前取得的成就。[2]

这种"无可限量"，正是人所特有的自我意识（z）的能力带来的结果，这种与生命能力和意识能力大不相同的能力，并没有什么自动的、机械的特点。就其本质而言，自我意识的能力是一种无可限量的潜能，而非一成不变的现状。如果人要真正成其为人，就必须亲自开发和"实现"这种潜能。

之前我说过，人可以写成：

m+x+y+z

这四项要素组成了一个越来越珍贵和脆弱的序列。物质（m）无法被摧毁；杀人意味着剥夺人的 x、y 和 z，但无生命的物质会保留下来，"回归"大地。与无生命的物质相比，生命极其珍贵，又极为脆弱；同样，与生命的无处不在和顽强相比，意识也十分珍贵和脆弱。而自我意识更是最宝贵的能力，其珍贵和脆弱都达到了极致，它是人的最高成就，又难以长久保存，它这一刻还存在，很可能在下一刻就消逝了。在所有的时代，除了现代，对 z 要素的研究一直都是人类最为关注的。如此脆弱、短暂的东西，要如何研究呢？有可能对进行研究的研究者进行研究吗？我要怎样才能研究那个正在使用研究所需的意识的"我"？这些问题将在后文予以探讨。在我们可以直面这些问题之前，我们应该仔细审视一下这四大存在的层次：为什么说在外力的干预下，尽管还存在着相似之处和"连续性"，却还是出现了本质的变化？

物质（m）、生命（x）、意识（y）、自我意识（z）这四种要素存在本体论上的差异，即本质区别，它们无法等量齐观，具有不连续性。其中只有一种，是我们可以运用五官直接进行客观、科学的观察的。对于另外三种，我们知道得也不少，因为我们每一个人，都能从我们的内在体验中检验它们的存在。

若非身为有生命的物质，我们绝不会发现生命；若非身为有意识、有生命的物质，我们绝不会发现意识；若非身为有自我意识、有意识、有生命的物质，我们绝不会发现自我意识。这四种要素的本质差异类似于各个维度间的不连续性。直线是一维的，不论在这根直线上下多少功夫，不论其结构多么微妙和复杂，都无法将它变成一个平面。同样，不论在二维的平面上下多少功夫，把它变得多么微妙、复杂、巨大，都没法把它变成立体的。我们知道，物质世界里的存在都是三维的。一维或二维的事物只存在于我们的头脑之中。可以说，这个世界上只有人类"真正地"存在着，因为只有人拥有生命的"三维"，即意识和自我意识。从这层意义上来说，动物只有两维——生命和意识，且只有一种朦胧的存在；而植物缺少自我认识和意识的维度，与人比起来，就像直线跟立体实物相比一般。这样来比较的话，欠缺三种"看不见的维度"的物质，就像几何中的点一样欠缺存在感。

这种类比从逻辑的角度来看未免牵强，但它指出了一条无可回避的、有关存在的真相：我们生活的最"真实"的世界，就是与人类同类共处的这个世界。没有了他们，我们就会体验到无尽的空虚；只凭我们自己，几乎做不成人，因为我们是由自己与他人的关系所造就和毁坏的。动物的陪伴可以给我们带来安慰，只是因为它们可以让我们联想到人，它们可以滑稽地模仿人，它们只能做到这种程度而已。阒寂无人的世界会变成怪异、不真实的放逐之地；既无人类也无动物的话，不论植被长得何等丰茂，这个世界都会变成一片可怕的荒野。把这样的世界说成是"一维的"，未免有些过甚其词。如果人处于一个没有生命的环境中，那将会是完全的虚无和绝望。这样想似乎有些荒唐，但它仍然不如这样的观念来得荒唐——只承认无生命的物质是"真实的"，而把看不见的生命、意识和自我意识这些维度视为"虚幻""主观"的，因而认为这些在科学上是不存在的。

简单地考察了四大存在的层次之后，我们认识了四种要素——物质、生命、意识和自我意识。重要的是对这些要素的认识，而不是四种要素与几种存在层次有着什么样的确切关联。如果自然科学家告诉我们，他们在被称作动物的某些存在中检测不到丝毫的意识，那我们无须与之争论。识别是一回事，鉴定是另一回事。对我们来说，只有识别是重要的，我们有权从各个存在层次中选择典型的、足够发达的物种来阐明我们的意图。它们非常清楚地体现出生命、意识和自我意识这些"看不见的维度"，这种体现不会因为某些个例难于分类而变得失去效力。

一旦我们认清了将四种"要素"——m、x、y、z——逐一分割开来的本体论意义上的不连续和断裂，我们也就明白了它们之间不可能存在什么"联系"或"过渡形式"。生命要么有要么没有，不可能半有半无——意识和自我意识也是一样。分类的困难常常因此而加重，较低层次的存在倾向于模仿和伪装较高层次的存在，正如活动的木偶有时会被错当成活人，或者二维的画面看起来像是三维的现实。但不论是分类和划界的困难，还是被骗犯错的可能性，都不能称其为否定四大存在层次的理由，不能据以否定，因为它们呈现了我们称之为物质、生命、意识和自我意识的四种"要素"。这四种"要素"是四种无法勘破的谜，需要我们仔细观察研究，但我们无法对其做出解释，更遑论"彻底解释清楚"了。

在层级结构中，高层次的存在不但拥有低层次所不具备的能力，还拥有能够凌驾于低层次的能力之上，对低层次做出安排，使之为其所用的能力。有生命的活物可以安排和利用无生命的物质；有意识的动物可以利用生命，有自我认识能力的存在可以利用意识。那么，还有比自我意识更高超的能力吗？还有比人类更高级的存在层次吗？眼下在我们的研讨中，只需要谨记，有史以来，大多数人直至近代，都毫不动摇地坚信，存在之链是延伸到比人更高的位置上的。这种普遍的确信令人印象深刻，既是因为这种看法历史悠久，也因为很多人对此深信不疑。那些我们如今仍然认为最有智慧、最伟大的先人，不但都怀有这样的信念，而且认为这是所有真理中最为重要和深刻的。

心智模式的进程

从被动到主动的进程

四大存在层次以一种递进的方式表现出了某些特征，我把这些特征称作"进程"（progressions）。也许最显著的就是从被动变成主动的进程。在最低的"无机物"或无生命物质的层次上，只有被动。石头是完全被动的，是纯粹的物件，完全受环境摆布。它什么也做不了，什么也安排不了，利用不了。哪怕是放射性物质，也是完全被动的。植物在很大程度上也是被动的，但不完全如此；植物不是纯粹的物件，对于环境的变化，它有一定的、有限的适应能力；它趋光生长，根部随着土壤中的水分和养分扩展。植物只在很低的程度上，可以称作是有行为能力、能够安排和利用事物的主体。甚至可以说，植物拥有"行动智能"的少许迹象。当然，这无法与动物相提并论。在"动物"的层次，由于意识的出现，发生了从被动到主动的醒目转变。生命的进程加快了；从其自由和往往有目的的活动来看，行动变得更加自主化——不仅仅是缓缓地转向光亮，还能做到捕食或逃避危险的迅疾动作。行动、安排和利用事物的能力大为增加，无可限量；它们显然有了"内在的生命"的迹象，有快乐，有忧愁，有信心，有恐惧，有期待，有失望，等等。

任何存在，只要有了内在的生命，就不再只是一个客体了。它成了主体，甚至能将其他存在当作客体，比如猫对待老鼠。在人的层次，总是有一个自称为"我"的主体，这是从被动到主动，从客体到主体的又一明显改变。把人完全当作一个客体，就算不是犯罪，也是变态行为。不管环境给人带来多少压抑和束缚，人都有可能克服环境的影响，坚持自己的看法。人可以在一定程度上控制自己所处的环境，从而掌控自己的生活，按照自己的意图利用身边的东西。他的潜力无可限量，但到处都有一些实际存在的限制，对于这些限制，他还是要承认和尊重的。

我们在回顾四大存在层次时注意到，从被动变主动的进程的确非常明显，但这种进程并不彻底。哪怕是独立自主的人，也保留了相当多的被动；尽管他无疑是一个主体，但他在很多方面仍然还是一个客体，受制于环境，受环境摆布。但自意识到这一点之后，人就总是用自己的想象力或直觉力来完善这一进程，（用今天的话来说就是）根据发展趋势对结果做出预判。由此人们构想出了这样一种存在：他是完全主动的，完全独立自主的；他是超越所有人的人，他绝非客体，超越了所有环境和意外，能够掌控一切——他是人格化的神明，是"坚定不移的行动家"。由此，人们把四大存在层次看成是无形的、更高级别的存在者存在的标志。

从被动到主动这一进程的一个有趣而有益的地方，就是活动缘由的变化。显然，在无生命物质的层次，活动的变化不可能没有物理方面的原因，因果之间有着十分紧密的联系。在植物的层次，因果链条变得更加复杂了，物理方面的原因在较低的层次上有效果——风会把树吹得摇晃起来，不论树是死是活。但某些物理因素不仅发挥了物理效果，还充当了刺激因素。阳光会让植物趋光，而植物过度偏向一个方向，会让另一侧的根长得更壮。同样，在动物的层次，活动的理由变得更加复杂。动物可以像石头一样被推开，也可以像植物一样受到刺激因素的刺激；但还有第三种因素，这种因素来自动物的体内，是一种非物理性的驱动力、吸引力或冲动，它被称作"动机"。狗有了动机，才会行动起来，驱使它行动的不是外力或外部刺激，而是源于"内心"的力量。比如见到主人，它会欢快地蹦跳；见到敌人，它会仓皇逃走。

在动物的层次，促成动机的原因得在生理层面发挥效果，但在人这个层次，就不必如此了。自我意识的要素给人增添了另一种行动的缘由——意志，这种本领可以让人在没有生理冲动，没有有形刺激，没有推动力的情况下做出行动。关于意志，人们有很多争议。意志在多大程度上是自由的？这个问题我们留到后面再谈。眼下只需要承认，在人的层次，多了一种可能的行动缘由——这种缘由在更低的层次上似乎是见不到的。人会根据所谓的"赤裸裸的洞察力"展开行动。一个人到一个地方去，或许不是因为眼前的环境促使他这样做，而是因为他内心期待着，将来会有一定的前途。尽管这些外来添附的潜能——预计未来的能力和随之而来的期待未来可能性的能力——无疑在某种程度上受到了所有人的压抑，但显然它们大不相同，我们多数人的这些潜能还很弱。可以这样设想，在超乎人类之上的存在层次，这些潜能是完美无缺的。因此，能够完美地预见未来，拥有完全自由行动的能力以及无拘无束毫不被动的特点，被看作是"神"的属性。从物理原因到刺激，再到动机，再到意志，这一进步过程在这样一种完美的意志之后达成了圆满。这种完美的意志，凌驾于一切能对我们了解的四大存在层次产生影响的动因之上。

从必然性到自由的进程

从被动到主动的进程与从必然性到自由的进程既相似，又有着密切的联系。不难看出，在无机物的层次，除了必然性，没有什么别的东西。无生命物质是什么样子，就只能是什么样子；它没有别的选择，没有"发展"的可能，没有改变性状的可能。在核子微粒的层次上，所谓的"测不准"只是必然性的另一种体现而已，因为完全的必然性，就意味着不具有任何有创造性的要素。如前所述，这就像是"零维"——一种没有价值的极致，意味着没有任何可以确定的内容。测不准的"自由"其实与自由是极端对立的，是一种只能用统计意义上的可能性方面的术语才能理解的必然性。在无生命物质的层次，没有可以集结自主能力的"内心"。我们会发现，"内心"正是自由的舞台。我们对植物的"内心"所知甚少，对动物的内心了解得多一些，而对人的内心了解得非常多，它是性格、创造力和自由的舞台。内心是由生命、意识和自我意识这些能力创造出来的，但我们只能直接、切身地体会到我们自己的"内心"，以及它带给我们的自由。通过密切观察，可以发现我们大多数人在大多数时间里，都是下意识地行动，就像一台机器。人独有的自我意识的能力处于沉睡状态，人就像动物一样，有一定的智能，但只对外界影响有所反应。只有在人运用自我意识的能力时，他才处于人的层次，自由的层次。这时他才是主动地生活，而不是被动地生活。在过去的生活中，必然性积累起了强大的力量，这些力量会左右他的行为；但他的道路上已经有了一个小小的凹坑，他的前进方向已经有了小小的变化。这变化可能难以觉察，但诸多自我意识的时刻累积起来，就能促成许多的变化，甚至可以在某个时刻将原先的方向一举扭转。

人是否有自由，这样的问题就好比问人是否是百万富翁。此时他不是，但他有可能成为百万富翁。他可以制定致富的目标，也可以制定自由的目标。他的"内心"有可能成为力量的源泉，从而使自由的力量胜过必然性的力量。不难想象，有某种完美的存在总是始终如一地运用着自我意识的本领，把这种自由的能力运用到了极致，从而摆脱了必然性的影响。这就是神圣的存在，一种无所不能、至高无上的权能，一个完美的统一体。

内在和谐统一的进程

还有一种明显的进程，就是一体化和统一的趋势。在无机物的层次，不存在一体化。将这些无生命的物质分割再分割，也不会丧失其品质或形态，因为在这种层次，没有什么可失去的。甚至在植物的层次，其内在的统一也是很微弱的，植物的某些部分就算被切除，也不会影响植物的存活，还可以长成各自独立的植株。与之相反，动物的一体化程度更高。作为一个完整的生物学系统，高等动物是个统一体，将它分割开来的话，它的各个部分是无法独立存活的。但这些动物精神层面的一体化程度并不高，哪怕是最高等的动物，在逻辑性和前后一致的层面上，水平也相当有限；总体看来，它们的记忆是柔弱无力的，它们的智能也是含混不清的。

显然，人的内在统一性要胜过层次比他低的存在，不过正如现代心理学承认的那样，心理的整合同化并不是人类与生俱来的天赋，而是人始终要背负的一项重任。作为一个生物系统，人无法被分割；在精神层面，整合同化也远非完美，不过人可以通过自我意识，大大改善融合的水平。然而作为一个具有自我意识力量的人，他的精神整合程度往往不尽如人意，他把自己看作是多种不同人格的拙劣组合，这些人格每个都以"我"自居。对这一体验的经典表述见于圣保罗致罗马人书：

> 因为我所做的，我自己不明白；我所愿意的，我并不做；我所恨恶的，我倒去做。若我所做的，是我所不愿意的，我就应承律法是善的。既是这样，就不是我做的，乃是住在我里头的罪做的。(《圣经·罗马书》第7章第15～17节)

整合同化意味着建立起内心的和谐统一，建立起力量与自由之源，以便让自己的存在不再是单纯依赖外力推动的客体，让自己成为主体，根据自己的"内心"行事，作用于外界。就整合同化这一进步，最了不起的学术看法之一，见于托马斯·阿奎那的《反异教大全》：

> 在所有物体中，无生命的处于最低等的位置，它们不可能生发出什么，除非一个作用于另一个。比如，当外部物质被火转化，接受了火的性质和形态时，才能从火中生出火来。

> 与无生命物质相近的，是植物，它们能够从内部生发出一些什么来，因为植物内在的汁液可以转化成种子，将种子埋入土中，还会长出植物。我们从中发现了生命的第一缕迹象：有生命的物体能够自行活动，而那些只能移动外物的物体是完全没有生命的。植物有着生命的迹象，其形态的成因来自它的内部。但植物的生命并不完美，因为尽管它能从体内一点一点地伸展生发，但到最后，生发出来的东

西却彻底变成了外物。比如，树木的汁液渐渐从树木里涌出，最终变成了花朵，然后结出了果实，尽管果实与树枝连接在一起，但它迥异于树枝；等到果实完全成熟，它会彻底脱离树木，落到地上，依靠其繁殖的能力，生出另一株植物。只要我们仔细思考一下，就会发现，这种生长发育的源头乃是外物，因为树木内部的汁液是根部从土壤中汲取的，植物的养分是从土壤中获取的。

不过还有比植物这一生命形态更高等的生命，它有敏感的"魂"，尽管"魂"自始源于别处，却终结于体内。同样，随着生长发育的不断进行，魂对其内在的影响变得越发深入：因为可以感受到的客体，作用于它的外部感官，经由感官作用于其想象力，更进一步作用于记忆的宝库。但在每一个这种生长发育的过程中，起始与终结都处于不同的主体上，因为它没有能够反思自身的敏感能力。正因如此，这种程度的生命超越了植物的水平，因为其内在化的程度更高；但它仍然不是完美的生命，因为这种

生发总是从一个事物趋向另一个事物。因此最高等
的生命，就是拥有理智的生命，因为理智能够反思
自身，并能理解自身。但拥有理智的生命也有程度
的差别，因为人的头脑尽管能够认识自身，但它最
初却是从认知之外走向认知的：因为人若是抛开想
象，就无法理解事物……照此来看，在天使身上，拥
有理智的生命体现得更加完美，他们的理智并不是
从外部趋于认知的，而是自始便了解自身。但他们
的生命尚未臻至完美的极致……因为对他们而言，知
和在还不是一回事……因此，最为完美的生命属于上
帝，他的知与他的在没有区别……[1]

这一表述的说理方式或许会令当代读者感到陌生，但它
仍能清楚地说明，"更高等"总是意味着"更内在""更
深入""更私密"，而"更低等"则意味着"更外在""更
浅薄""私密程度更低"。在许多语言中，都存在这种语
义上的近似之处，也许在所有语言中都是如此。

一样东西越是"内在"，就越不容易看到。从可见变为不

可见的进程，只是层级式的存在层次的另一面而已。这一点无须赘述。显然，"可见性"和"不可见性"这两个词指的不光是视觉上的意义，还包括各种外部感官。我们在审视四大存在层次时，重点探讨的生命、意识和自我意识这些能力，全都是不可见的，它们没有颜色、声音、"表皮"、味道和气味，也没有长度或重量。但谁能否认，它们才是我们最感兴趣的呢？当我买一包种子时，首先考虑的是这些种子得是活的，不能是死的。一只神志不清的猫，尽管还活着，对我来说也算不上是一只真正的猫，除非它恢复了意识。莫里斯·尼科尔曾对人的不可见性做过鞭辟入里的描述：

> 我们都能径直看到他人的身体。我们能看到嘴唇翕动，眼睛的睁闭，嘴巴和面部线条的变化，还有整个躯体的活动。而这个人的自我是不可见的……

> 如果人不可见的一面，也像可见的一面一样容易识别，我们就能生活在全新的人世了。而眼下呢，我们生活在看得见的人世中，活在只重外表的人

类中……

我们所有的想法、情绪、感受、想象、幻想、梦想，都是不可见的……属于我们的计划、规划、秘密、野心的一切，我们所有的希望、担忧、疑虑、迷惑，我们所有的爱、思索、沉思、无聊、不确定，我们的欲望、向往、兴趣、感觉，我们的好恶、爱憎——它们都是不可见的。它们构成了人的"自我"。[2]

尼科尔博士坚持认为，尽管这一切看似显而易见，但其实并非如此，"这一点很难理解……"。

我们并不理解我们是不可见的。我们并不理解，在我们所处的这个世界，人是不可见的。我们并不理解，生活，撇开别的定义不论，首先是一出看得见与看不见的戏。[3]

既存在着一切都看得到的外部世界，所谓"看得到"，也就是我们的感官能够感受得到，也存在着"内心空间"，其中的事物是看不到的，我们的感官不能直接感受到。当然，我们自己的内心是例外。这一点非常重要，我们在后续章节中还会提到它。

从完全可见的无机物，到很大程度上不可见的人，这一进步意味着，超乎人类之上的存在层次可能是我们的感官完全无法感受到的，正如末端等级——无机物的层次——是完全可见的一样。在人类历史上的多数时代里，多数人对这一推测确信不疑，对此我们不必惊讶；他们总是说，正如我们可以学着"看"透周围的人，我们也可以发展自己的能力，"看"到层次比我们更高的存在。

（作为哲学地图的读者，我有责任将这些重要问题摆在我的地图上，这样人们就可以看到，它们属于何处，它们与人们更熟悉的其他事物之间有着怎样的联系。至于是否会有读者、游人或朝圣者愿意探索一番，就是他们自己的事了。）

广阔丰饶的内心宇宙

整合同化的程度、内在一致性的程度、内心力量的大小，与不同层次的存在所拥有的那种"世界"，有着密切的关系。无生命的物质没有"世界"。它全然被动，可以说，它的世界完全空洞无物。植物有自己的"世界"，包括一点土壤、水、空气、光，也许还有其他影响因素。这个"世界"局限在它的生物需求的范围内。任何一只高等动物的世界，都会比它更广阔、更丰饶，不过动物的世界主要也是由生物需求决定的，现代动物心理学研究已经充分证明了这一点。但还有些东西，比如好奇心，拓展着动物的世界，使之超出了狭隘的生物学限制。

同样，人的世界之广阔与丰饶无与伦比，传统哲学就曾断言，人能容得下宇宙，能够将整个宇宙纳入自己的存在之中。人能够真正掌握什么，取决于每个人自己的存在层次。人站得越"高"，他或她的世界也就越广阔、越丰饶。一个人如果彻底固守机械唯物主义哲学，否定"看不见"的现实，只把注意力放在靠得住、经过检验的东西上，那他就会生活在一个十分贫乏的世界里，其贫乏程度足以令他体会到，那是一片不适合人居住的、无意义的荒原。同样，如果他认为世界只是原子的偶然排布，他就会同意伯特兰·罗素的看法，唯一理性的态度就是"不屈不挠的绝望"。

据说（是葛吉夫对自己的弟子说的），"你的存在层次吸引着你的生活"。在这一说法背后，并没有什么玄妙或不科学的假设前提。在不高的存在层次，只存在着非常贫乏的世界，只能过十分贫乏的生活。宇宙如其所是；但人尽管容得下宇宙，却让自己局限于最低下的层次，比如自己的生物需求、物质享受或偶然的际遇等等，则难免会"吸引"到悲惨的生活。如果人只承认"为生存而斗争"和不择手段的"权力欲"，那么他的"世界"就会像托马斯·霍布斯所描述的人生那样，"孤独、贫困、肮脏、野蛮而短促"。

存在的层次越高，世界也就越广阔、丰饶和美妙。如果我们对超乎人类之上的层次再做一番推测的话就会明白，为什么人们认为上帝不只容纳得下宇宙，而且完全拥有宇宙，全知全能——"五个麻雀不是卖二分银子吗？但在神面前，一个也不忘记。"（《圣经·路加福音》第12章第6节）

如果我们把"第四维"时间也纳入考虑，也会得出类似的结论。在最低的层次，时间只在持续多久上有意义。对拥有意识的生灵而言，时间是能够体验到的；但这种体验仅仅局限于现在，除非通过记忆（或者差不多的东西），把过去也变成现在，并且通过预见（同样，也许会有各种各样的预见），把未来也变成现在。可以说存在层次越高，现在的范围也就越"广"；它所涵盖的、对低等存在层次而言的过去和未来也就越多。在可想而知的最高层次，有着"永恒的现在"。《圣经·启示录》第 10 章第 5～6 节所说的，正是类似的意思：

> 我所看见的那踏海踏地的天使向天举起右手来，指着那创造天和天上之物、地和地上之物、海和海中之物，直活到永永远远的，起誓说："不再有时日了！"

现代唯物主义机械观的荒谬图景

我们还可以就近乎无限的"进程"加以描述，但这并非
本书的目的所在。读者可以自行增补自己感兴趣的内容。
或许有读者对"终极原因"问题感兴趣，用诸如"追求
目标"之类的目的论语汇，来描述一种既有的现象。这
样做合适吗？若不具体讲明这种现象究竟存在于何种存
在层次，就贸然回答这样的问题，有些荒唐。在人的层
次，要否定合乎目的论的行为，与在无生命物质的层次
归因于合乎目的论的行为一样愚蠢。因此没有理由假定，
在各个层次之间，找不出合乎目的论的行为的蛛丝马迹。

四大存在层次可以连接在一起，组成一个倒金字塔结构，较高的层次总是涵盖了较低层次的一切，并且容易受到更高层次的影响。这四个层次全都存在于人的身上，如前所述，这一点可以用公式表述为：

人 = $m+x+y+z$

= 无机物＋生命＋意识＋自我意识

而意料中的是，许多学说将人描述成四"体"的拥有者，即：

肉体（对应于 m）；

以太体（对应于 x）；

灵魂体（对应于 y）；

"我"、自我或精神（对应于 z）。

在理解了四大存在层次之后，把人描述为四重存在的说法就不难理解了。在某些学说里，$m+x$ 被视为一个整体，是有生命的躯体（因为无生命的躯体不值得研究），因此它们把人说成是三重的存在，由躯体（m+x）、魂（y）和灵（z）组成。随着人们的兴趣日益转向看得见的世界，魂与灵之间的区别变得难以维持，两者最终混为一谈，因此，人就成了肉体和灵魂的混合体。而随着机械唯物主义的兴起，最终连灵魂也从对人的描述中消失了。它怎么可能存在，却又无法称量？灵魂被说成是原子和分子的复杂排列所具有的许多奇特属性之一。为什么不承认，所谓"灵魂"的许多令人惊奇的能力，只是物质的一种附带现象，就像磁力一样？宇宙不再被视为巨大的层级结构或存在之链，而只是被看作原子的偶然排列；而人，传统上被理解为反映宏观世界（比如，宇宙的结构）的微观世界，也不再被看成是一个宇宙，不再被看成是一个有意义、尽管还有些神秘的造物。如果说，巨大的宇宙被仅仅看成是微粒组成的一团混乱的存在，没有目的或意义，那么人也只能被看成是微粒组成的一团混乱之物，没有目的或意义。不错，人是一团有感觉的混乱之物，他能够忍受痛苦、剧痛和绝望，但还是一团混乱（不以人喜欢与否为转移），一桩颇为不幸而又无足轻重的宇宙事件。

这就是现代唯物主义机械观给出的图景。可它符合我们的切身体验吗？每个人都得自行判断。那些心怀敬畏和赞叹、惊奇和迷惑的人，思考过四大存在层次的人，不会被轻易说服，他们相信只存在程度的差异，亦即水平面的延展。他们会发现，自己不可能不去思考"高"与"低"的差异，也就是说，思考垂直的尺度，甚至思考存在层次的不连续状态。如果他们把人看作高出无生命物质的存在，不论后者何等复杂，并且高出动物，不管后者进化程度多高，他们也会把人看作是"未可限量的"，尽管人并非最高的层次，却有可能臻至完美。这是从我们对四大存在层次所做的思考中得出的最重要的洞见：在人的层次，没有什么清晰可辨的界限或上限。区分人和动物的自我意识，是一种无可限量的潜力，这种能力不但能让人成其为人，更能为他赋予成为超人的可能性，甚至是成为超人的条件。正如经院哲学家们常说的："要恰如其分地做人，就必须超越人的层次。"

章四

契合 I：

头脑和心智

运转你的心灵而不只是大脑

是什么让人得以认识周遭世界的一切？"器官合乎对象，才能产生认识。"古罗马哲学家普罗提诺说。在认知者的组成部分中，若是没有合适的"器具"，就什么都无从认识。这就是契合（adaequatio）的真理，它将认知定义为"adaequatio rei et intellectus"（认知与存在的符合），即认知者的理解必须与有待认知的对象相契合。

普罗提诺还说过这样一句名言："眼睛若不先变得像太阳，就绝不会看到太阳；灵魂若不先变得美丽，就绝不会看到至高无上的美。"柏拉图学派的约翰·史密斯说："那让我们能够正确认识和理解上帝的万物的，一定是我们心里一条生气勃勃的神圣原则。"继这句话之后，我们也许还可以加上托马斯·阿奎那的话："只要认知的对象在认知者的心里，知识就会随之而来。"

我们已经知道，人包含了四大存在层次，因此在人的结构与世界的结构之间，存在着某种程度的相似或"同质性"。这是一种十分古老的观念，其惯常的表达方式，是把人说成与"宏观世界"以某种方式"相对应"的"微观世界"。人是一个物理–化学系统，就像世间万物一样；人还拥有这些看不见的、神秘的能力——生命、意识和自我意识，他可以从周遭的许多存在中，察觉出这些能力的部分或全部。

我们肉体的五种感官让我们能够与最低等的无生命物质相"契合"。但它们给出的也无非是大量感官资料而已，要将它们"厘清头绪"，我们需要另外一类能力，我们或许可以称之为"智能感官"。没有了它们，我们就无法辨认形态、模式、规律、协调、旋律和含义，更遑论辨认生命、意识和自我意识。肉体的感官或许会被说成是相对被动的，它们只是对所发生事情的接收装置，而且在很大程度上由头脑所控制。而智能感官则是运转着的心灵，其敏锐程度与范围，就是心灵本身的属性。就肉体感官而言，所有健康的人都拥有着类似的能力。但没有人可以忽略这一事实，那就是人的心智在强弱和广度上存在着显著的差异。至于在智能感官方面，假定人都是差不多的，就像同类动物一般界定和厘清"人"的能力，是很不现实的。贝多芬在耳聋的情况下，音乐才能与我都有天壤之别，而这一差别并不在于听觉，而在于心智。有人不能理解和欣赏某一音乐作品，并不是因为他们耳聋，而是因为他们缺乏心灵的契合。听觉所接收到的，只是一连串的音符而已，而音乐是需要靠智力来领会的。有些人将自己的智力运用到了如此地步，他们只听一遍，或者只读一遍乐谱，就能领会并能记住整支交响曲；而另一些人的天分就要少得多，不管他们听得多么频繁、多么专注，还是一点都听不懂。这支交响曲对前者来说，就像对作曲家一样真切；对后者来说，根本就没有什么交响曲，只有一连串多少有些悦耳，但凑在一起毫无意义的噪音而已。前者的头脑与交响曲相契合，后者的头脑与交响曲则不相契合，因此无法辨别出交响曲的存在感。同样的道理也适用于全部可能的和真实的人类经验。对我们每个人来说，只有我们与之相契合的那些事实和现象是"存在"的，因为我们不能假定自己时时刻刻都能在任何情况下，与任何事物相契合，所以我们不能坚持认为，我们无法接触到的某种事物根本就不存在，只是别人幻想出来的影子而已。

有些有形的事实，肉体感官能够感受得到；但也有些无形的事实，在头脑的某些"高级"才能控制并完善感官的运作之前，是难以察觉的。用已故的 G. N. M. 蒂勒尔先生的话来说，这类无形的事实，其中有些代表着"多重重要性等级"，对于这话，他是这样解说的：

> 就拿一本书来说吧。对动物来说，书无非是一个花花绿绿的形体而已。书的确是花花绿绿的形体，动物的想法并没错。至于这本书有什么更重要的意义，

它是想不到的。再进一步讲，一个没有受过教育的
野蛮人或许会认为，书是纸上的一系列印记。对书
的这一看法，其重要性等级要高于动物的看法，这
一看法对应的是野蛮人的思维水平。这种看法也没
有错，只是书可以意味着更多。它可以意味着按照
特定规则排列的一系列字母。对书的这一认识，其
重要性等级高于野蛮人的看法……或者，最终，从更
高的层次来看，书可能意味着对含义的表达……[1]

在所有这些例子里，"感官资料"是一样的，眼睛看到的
是同样的事实。但判定"重要性等级"的不是眼睛，而
是头脑。人们常说"还是让事实来说话吧"，但他们忘
了，事实所说的话，只有在被人听到并理解之后，才是
真实的。事实与推论、感知与解释之间的区别看似很容
易区分，其实很难。你看到满月从地平线上升起，映衬
着树木楼房的剪影——你觉得月亮是个跟太阳一样大的圆
盘；但高悬在你头顶的满月看起来则很小。眼睛实际接
收到的月亮的画面是什么样的呢？在这两种情况下，它
们其实并无二致。但即使你知道事实是这样的，你的头

脑还是不会轻易让你看出两个圆盘其实是一样大的。"眼中所见的内容并非单纯由刺激物的外观决定，" R. L. 格雷戈里在《眼与脑》（*Eye and Brain*）一书中写道，"其实它是一个动态的搜寻过程，搜寻的是对现有资料的最佳阐释。"[2] 这种搜寻动用的不只是感官信息，还有其他的知识和经验，不过据格雷戈里说，经验在多大程度上影响了眼中所见的景象，还不好回答。总之，我们不光是用眼睛"看"，很大程度上还要运用我们的心智，而由于人的心智各不相同，所以难免会有好多事物，有些人能"看"得到，有些人"看"不到；或者说有些人是契合的，有些人则不契合。

当认知者的层次与认知对象的层次（或重要性等级）不契合时，得出的结果并非事实性的错误，而是某种更为严峻的问题：一种欠妥而贫乏的现实观。蒂勒尔先生进一步举例说明如下：

> 我们假定，有一本书落入了某种智慧生物之手，它们对于写作和印刷为何物一无所知，但它们惯于处

理事物的表面联系。它们尝试找出这本书的"规律"，对它们来说，规律意味着决定字母排列顺序的原则……当它们构想出某些决定字母表面联系的规则时，它们会觉得，它们已经发现了这本书的规律。它们永远也意识不到，每个词、每句话都传达着一段含义，因为它们的思维背景是由这样的观念构成的，这些观念处理的只是事物的表面联系，对它们来说，消除疑惑就意味着参透表面联系之谜……它们的方法永远也不会达到含有"意义"观念的［重要性］等级。[3]

正如世界是一个层级结构，区分"高""低"是有意义的，而人用来观察和认识世界的感官、器官、能力和其他"手段"，也是有"高""低"之分的层级结构。古人常说："天人合一"，外部世界通过某种方式与我们的内心世界相互对应。正如世间越是较高的层次越是稀有和特殊，比如无机物遍地都是，但生命在大地上只是散布了薄薄的一层，意识则相对稀有，自我意识更是非同寻常的例外，人的禀赋也是一样。诸如观看和计算这类最基本的能力，正常人都有，而高端的能力，比如需要察觉和领会现实的微妙之处的那些能力，拥有的人则少之又少。

人的才能有高有低，但也许它们不如兴趣的差异以及蒂勒尔先生所说的"思维背景"的差异来得重要。蒂勒尔先生的寓言中所说的智能生物缺乏与书的契合，是因为假定重要之处在于"字母的表面联系"。我们应该将他们称作机械唯物主义者，他们相信客观现实仅仅局限于我们能够真切观察到的东西。统辖他们的，是对更高层次和更高重要性等级这一认识的系统化的反感。

观察者让自己顺应哪个重要性等级，是可以选择的，不过这一选择靠的不是智力，而是信念。他要观察的事实本身并无标签，标明它们理应被放在何种等级上考察才算合适。等级不契合，也不会将智力带入事实性错误或逻辑性矛盾的境地。各种重要性等级，直至契合的等级——在那本书的例子里，亦即有意义的等级——都同样符合事实，同样富有逻辑，同样客观，但并非同样真实。

我正是凭借信念，选定了研究的层次；正如老话所说：
有了信念，才能理解。如果我缺乏信念，并因此为我的
研究选择了一个并不契合的层次，那么不论我多么"客
观"，都无法说出重点何在，也会让我自己失去理解问题
的可能性。我就会成为这话所说的那种人："他们看也看
不见，听也听不见，也不明白。"[4]

总之，在对待比无生命物质重要性等级或者存在层次更
高的事物时，观察者不光要依赖他本人通过学习和训练
"培养"出来的更高才能，还要依赖他的"信念"的契合，
也就是他的基本预设和基本前提的契合。在这方面，观
察者很像一名接受启蒙教育的儿童；因为一般而言，人
的头脑并不光是思考，它在思考时，还会附带上一些观
念，而多数观念是从身边的社会沿袭而来的。

没有什么比充分认清一个人想法中的预设前提更难。我
们能看到一切，却唯独看不到我们看东西的眼睛。一切
想法都可以直截了当地仔细思考，唯独我们用来思考的
那个想法不行。这就需要一种特殊的自我意识的努力，

也就是自我反思这一几乎不可能的壮举，这很难做到，但并非全无可能。事实上，正是这种能力使人成其为人，并且让人能够超越自身。这就是《圣经》中所说的人的"内在的部分"。如前所述，内在对应着"更高"，而外在则对应着"更低"。感官是人最外在的手段，当遇上"他们看也看不见，听也听不见"这样的情况时，问题并非出在感官上，而是出在内在的部分。"因为这百姓油蒙了心"，他们没能"心里明白"。[5] 只有通过"心"，才能与更高的重要性等级和存在层次缔约。

对深受现代机械唯物主义影响的人来说，这番话的意思是无法理解的。他不相信有任何事物比人更高等，甚至在他眼里，人也不过是进化得相对高等一些的动物而已。他坚持认为，只能通过大脑来发现真理，而不是通过心。这意味着，对他来说"用心理解"只是一组毫无意义的字眼而已。站在他的角度来看，他是十分正确的，因为大脑位于头部，依靠肉体感官提供资料，有充分的能力研究无生命物质，研究四大存在层次中最低的一级。的确，如果"心"插手干预，大脑的运作只会受到干扰，也许还会被搅乱。作为机械唯物主义的信奉者，他相信生命、意识和自我意识只是无生命微粒的复杂排列的表现形式而已——这一"信念"在他看来十分合理，可以让他完全依赖肉体感官，让思考"保留在头部"，不受任何心中"能力"的干扰。换言之，对他来说，更高层次的现实根本就不存在，因为他的信念排除了它们存在的可能性。他就像是一个尽管拥有无线电接收器却拒绝使用的人，因为他认定，它只能接收到大气中的噪声。

真理必叫你们得以自由

信念既不与理性冲突，也不是理性的替代品。信念所选择的是求知和理解要在哪个重要性等级或存在层次进行。有合理的信念，也有不合理的信念。要在无生命物质的层次寻找意义和目的，就是不合理的信念，等于将人的杰出才干仅仅"解释"为经济利益或性挫折的产物。不可知论的信念也许是最不合理的，因为它是将重要问题当作不重要问题来对待的决定，除非这只是伪装，就好比说："我不愿认定（且回到蒂勒尔先生的例子上来），书只是花花绿绿的形体，纸上的一系列印记，按照特定规则排列的一串字母，或者是一种意义的表达。"不出意料的是，传统智慧总是用令人生畏的轻蔑态度来看待不可知论者："我知道你的行为，你不冷也不热。我巴不得你或冷或热，你既如温水，也不冷也不热，所以我必从我口中把你吐出去。"[6]

这很难被当作不智之举——人们接受先知、智者和圣人们的见证，这些人用不同的语言，异口同声地宣称，这个世界上的书不光是花花绿绿的形体，也是对意义的表达；比人类更高等的存在层次是存在的；人如果让他的理性受信念引导的话，是能够达到这些高层次的。关于人寻求真理的旅程，没有谁比希波主教奥古斯丁（354—430）说得更清楚：

> 首先……要让注意力紧紧地集中于真理上。当然，信念并不能看清真理，但它能注意到真理，从而能让人在看不出原因何在的情况下，就看出一件事是真的。它虽然还没有看清它相信的事，但它至少确定那件事是真的。通过信念掌握一个隐秘但确定无

疑的真理，无疑会推动头脑去了解个中内容，并为
"有了信念，才能理解"这一准则赋予完整的含义。[7]

我们可以凭借心智之光，看到肉体感官看不到的事物。
没有人能否认，数学和几何学的真理就是这样被我们
"看到"的。要证明一个命题，就意味着通过分析、简化、
转化和剖析，为其赋予形式，从而让我们看到真理；若
是我们无法看到真理，就既没有可能，也没有必要做什
么证明了。

我们能否凭借心智之光，看到比数学和几何更超卓的事
物？同样没有人否认的是，我们能够看出别人要表达的
意思，哪怕是在他没有表达清楚的时候。我们的日常语
言就常常能见证这种鉴别力、理解力，它有别于思考和
形成看法的过程。它给出的是电光石火般的领悟。

在奥古斯丁看来，信念是问题的核心。信念告诉我
们，要理解的对象是什么；它能净化人的心灵，从
而让理性从探讨中获益；它让理性得以理解上帝的

启示。总之，在奥古斯丁谈到理解的时候，他心里想的总是由信念铺平道路之后，通过理性活动得出的产物。[8]

正如佛教徒所说，信念打开了"真理之眼"，它也叫"心眼"或"灵魂之眼"。奥古斯丁坚持认为，"我们此生要做的，就是恢复心眼的健康，好用它看到上帝"。波斯最伟大的苏菲派诗人鲁米（1207—1273）说："心眼有七重，这一双肉眼只是拾穗者而已。"[9]而柏拉图学派的约翰·史密斯则建议："我们一定要闭上肉眼，睁开那双明察秋毫的理解之眼，那灵魂之眼，这是哲学家对我们的智力的称呼，'人人都有这样的眼，但很少有人运用它'。"[10]苏格兰神学家圣维克托的理查德（卒于1173年）说："因为外部感官只能感受到看得到的事物，而心眼只能看到看不见的事物。"[11]

能够带来洞见的"心眼"的力量，远远胜过思维的力量，因为后者只能促成见解而已。"我认清了哲学见解的贫乏，"佛祖说，"不固守任何哲学见解地寻找着真理，我

只是看。"[12] 佛祖的下面这段话描述了慢慢地、有条不紊
地调动人拥有的各种能力的过程：

> 人无法在一夕之间获得至高无上的认识，只能通过
> 渐进的训练、渐进的活动、渐进的揭示，获得完美
> 的认识。以何种方式获得呢？在信心的驱动下，人
> 来了；来了之后，加入了众人；加入众人之后，他
> 聆听教诲；聆听了教诲之后，他接受了戒律；受戒
> 之后，他谨记于心；他揣摩谨记之事的义理；从揣
> 摩义理中，事情得到了证实；得到证实之后，欲念
> 随之产生；他深深地反思；反思之际，他迫切地训
> 练自己；迫切地训练自己时，他从精神上认识最高
> 的真理，用智慧了解这一真理，他就会看见。[13]

这就是获得契合的过程，发展心智以便看到和理解真理
的过程，真理不仅会启迪头脑，更能解放灵魂。（"你们
必晓得真理，真理必叫你们得以自由"——《圣经·约翰
福音》第 8 章第 32 节。）

由于在当代社会，这些问题已经变得令人陌生，我认为有必要援引当代作者——已故的莫里斯·尼科尔博士的话：

> 随后，内在观察的世界开始显现，它迥异于外在观察的世界。内在世界出现了。这个世界的创建始于人的内部。起初，只有一片黑暗；然后出现了光，光与黑暗分开了。我们凭借这光，弄懂了这样一种意识，与之相比，我们平时的意识只是黑暗而已。这光常常被等同于真理和自由。对一个人的自我，对一个人的不可见性的内在观察，就是光明之始。这种对真理的体察，并不是一种感官知觉，而是对于"思想"真理的体察——当然，我们的感官也因此大大增强了。自知之路上有这样的目标，是因为在转向内在之前，人是不了解自己的……这一努力标志着人的内在发展的起点，在那一小段时间里，已经有许多人以各不相同的方式（但其实还是同样的方式），写过这个题目了，我们拥有这一小段时间的文献，我们把这一小段时间当作是世界史的全部。[14]

我们将在后续章节详细探讨"转向内在"的过程。目前，我们只需要承认，只靠感官资料并不能获得任何洞见或理解。思想才能带来洞见和理解，而思想的世界就在我们体内。思想的真理无法被感官所识别，只能被所谓的"心眼"看到，而它以一种神秘的方式，拥有在遭遇真理时认清真理的能力。如果把这种能力取得的结果说成是洞察，把感官获得的结果说成是经验，我们就可以说：

> 是经验向我们道出了可以感受得到的事物的存在、外表和变化，比如石头、植物、动物和人；然而是洞察向我们道出了这些事物意味着什么，它们有可能是什么样的，它们理应是什么样的。

带给我们体验的肉体感官，并未让我们接触到周遭世界中的更高重要性等级和更高存在层次。它们与这样的目的不相契合，它们被设计出来，只是为了辨明各种存在物的外在差异，而不是为了辨明它们的内在含义。

有个故事说，两名修士烟瘾很大，他们想要知道能否在

祈祷时抽烟。由于他们得不出结论，便决定请教他们敬
重的长者。其中一位跟修道院院长闹得颇为不快，而长
者却鼓励地拍了拍另一位的肩膀。等到他们再次碰面时，
第一位修士有些怀疑地问另一位修士："你究竟是怎么问
的？"后者告诉他："我问他是否允许在抽烟时祈祷。"此
时我们的内在感官能准确无误地看出"抽烟时祈祷"和
"祈祷时抽烟"的深刻区别，但我们的外部感官却丝毫看
不出两者的差别。

要了解更高的重要性等级和存在层次，离不开信念和注
重内在之人的高级能力的帮助。如果这些高级能力未能
付诸实践，要么是因为它们锻炼得还不够，要么是因为
缺乏信念，这样就会导致认知者欠缺契合，从而无从了
解更高的重要性等级或存在层次。

章五

契合 II：

"理解的科学" 与 "操纵的科学"

我们太聪明了而失掉了智慧

契合这一真理肯定了这一点：没有恰当的感觉器官，就什么都感知不到；没有恰当的理解器官，就什么都理解不了。如前所述，在无机物层次，人的主要识别工具就是五种感官，另外还有大量精巧的器具，可以辅助和扩展这五种感官。可它们能够看到可见的世界，却看不到事物的"内在"，也看不到生命、意识和自我意识这些基本的能力。谁能看到、听到、触摸、品尝或闻到生命本身？生命没有形状、颜色、特定的声音、纹理、味道或气味。可因为我们是能够识别出"生命"的，所以我们一定有能做到这一点的理解器官，这个器官与外部感官相比，更内在、更"高级"。在后文中，我们将会看到，这个器官等同于我们内在的生命，等同于我们躯体的种种下意识、植物般的处理进程和感觉，它主要位于太阳神经丛。同样，我们能够用我们自己的意识，直接识别出"意识"，我们的意识主要位于头部；我们还能用自己的自我意识识别出"自我意识"，自我意识既是在象征意义上，也是在可以通过切身体验证实的意义上，位于心脏区域——人最内在，也"最高级"的中枢。（许多人没有意识到他们的自我意识，他们不能从别人那里辨别出这种能力，因此只把人当作"高等动物"而已。）

因此，不得不说"人了解外部世界的手段是什么？"这一问题的答案就是："是他所拥有的一切，是他的鲜活的躯体、他的头脑和他那具有自我意识能力的灵。"

自笛卡儿以来，我们倾向于相信，我们完全是通过以头部为中心的思考得知自身存在的，即我思故我在。但每个手工艺人都知道，他的认知能力不仅包括头脑的思考，还包括身体的智能。比如他的指尖知道的事，他的思维一无所知。正如帕斯卡所说："心有其种种理由，而理性对这些理由一无所知。"人有许多识别手段的说法或许是一种误导，因为事实上，人本身就是一种手段。如果人相信，唯一值得拥有的"资料"，就是他通过五种感官获得的那些，而且是所谓"资料处理单元"——大脑在处理的那些资料，那他的认知就会限定在一种存在层次里了，他的五种感官与这个层次是契合的，这种层次主要还是无生命物质的层次。

英国天文学家阿瑟·爱丁顿爵士说过："在理想状态下，我们对宇宙的全部认识都可以只通过视觉获得——实际上可以通过最简单的、不能分辨色彩的、非立体的视觉形式获得。"[1]倘若这句话是真的（很可能是这样），倘若我们对宇宙的科学认知是只运用视觉取得的成果，只运用了"一只色盲的眼睛"而已，那我们就不能指望如此获取的图景，能给出比一个抽象、毫无意义、贫瘠的机械系统更丰富的内容。契合这一真理教导我们：限制运用多种识别手段，难免会让现实变得狭隘和贫瘠。由此引出了一个最重要的问题，当然谁也不想得到这样一种结果；那又该如何解释，这样的狭隘是如何产生的呢？

要回答这个问题，我们必须再次提到现代发展之父——笛卡儿。他并不是一个缺乏自信的人。他说："真正的原则可以让我们据以获得最高等的智慧，并且包含了人类生活至高无上的善，它们都被我写进了这本书里……迄今为止，人已经……有了太多的见解；他从未获得过'对任何事物确凿的认识'……但现在，人类进入了成年期，变成了自己的主人，能够将一切调整到理性的水平。"于是笛卡儿声称要为一种"令人赞叹的科学"奠定基础，这种科学是以"最容易领会、最简单、能用最直接的方式呈现的思想"为基础建立的。[2] 最终发现，最容易领会、最简单、能用最直接的方式正是阿瑟·爱丁顿爵士阐明过的测量仪器上的"指针读数"。[3]

仅限于单只色盲眼睛获取的视觉，是人的识别手段中最低级、最外在、最肤浅（亦即流于表面）的手段，每个正常人都能获得，计算的能力也是如此。毋庸讳言，要理解这些感官资料的重要性，离不开某些更高级的，因而也更少见的思维能力；但重点在于，一旦提出了一个理论——也许提出者是个天才——只要肯花一些工夫，任何人都能对它进行"验证"。因此，可以从"指针读数"上获取的知识，就变成了"公共知识"，任何人都能学会它们。它们准确、不容置疑、易于核实、易于交流，最重要的是，不会被任何观察者的主观性所玷污。

我在前面说过，要获得没有掺杂观察者头脑中任何想法、修正或变动的纯粹事实，往往是很难的。但是头脑能往单只色盲的眼睛获得的指针读数上，增添些什么呢？它又能在计算上增添些什么呢？如果将我们限定在这种模式的观察中，我们的确能够排除主观性，获得客观性，但一重限制会招致另一重限制。我们获得了客观性，却未能获得将客体视为一个整体的认识。我们动用了这些手段，只获得了最"低等"、最肤浅的片面的认识。而令人觉得客体有趣、有意义、重要的所有内容，我们都没能把握住。无怪乎通过这种观察方法获得的世界图景，是"令人反感的一片荒芜"，在这片荒原中，人只是一个离奇的宇宙事件，没有任何重要价值。

笛卡儿写道：

> 只有数学家们发现了无可置疑的证据……我很确信，
> 我必须从他们考虑过的相同事物着手……几何学家为
> 了实现其最困难的证明，惯于采用的、由简洁明了
> 的理性分析组成的长长链条，让我有理由相信，所
> 有事物都会以同样的方式，逐一被人们所认识……不
> 可能有什么事物太过遥远以致无法接近，或者太过
> 隐蔽以致无法被发现。[4]

显然，笛卡儿所梦想的这个世界的数学模型能够处理的，
只有能用相互关联的数量来表达的数据。同样明显的是
（尽管纯粹的数量是不可能体现出来的），这些数量因素
只在最低的存在层次里是至关重要的。而越是在存在之
链的高处，量的重要性就越发减弱，质的重要性则越发
增加。建立量化数学模型的代价，就是牺牲了质的因素，
可是质恰恰是最重要的。

西方人的兴趣经历了这样的变化：由"可能从最崇高的
事物中获得的最微妙的知识"（托马斯·阿奎那语），到
对相对无足轻重的事物的精确数学认识——"世界上没有
什么比这样的知识更诱人和有用"（克里斯蒂安·惠更斯
语）。这一变化标志着科学由"理解的科学"到"操纵的
科学"的转化。前者的目的是启发人的心智，让人获得
"解放"；后者的目的则是获得力量，弗朗西斯·培根说
"知识就是力量"，而笛卡儿还曾许诺要让人成为"大自
然的主宰和主人"。甚至在后来的发展中，"操纵的科学"
险些难以避免地从对自然的操纵，发展为对人的操纵。

"理解的科学"常常被称作"智慧"，而"科学"这个名
字被保留了下来，专指我所说的"操纵的科学"。奥古斯
丁等人做出了这样的区分，艾蒂安·吉尔松将其见解重
述如下：

> 两者区分开来的真正原因，源于其研究目标的性质。
> 智慧的目标能通过浅显易懂的说理，让人不做任何
> 恶行；然而科学的目标常常处于为贪心所俘获的危

险境地，因为它只注重实利。因此我们可以对科学做出两种安排，全看它是服膺于欲望，只把自己当作是自己的目的，还是服膺于智慧，被人引导，趋向至高无上的善。[5]

这些观点至关重要。当"操纵的科学"服膺于智慧，亦即"理解的科学"时，科学就是最有价值的工具，不会造成任何损害。但如果人们不再对追求智慧感兴趣，智慧随之消失的话，科学就不会如此服服帖帖了。这正是笛卡儿之后的西方思想史。古老的科学，即"智慧"或"理解的科学"，首先趋向于"至高无上的善"，或真善美，这种学问能够带来幸福和救赎。新科学主要趋向于物质实力，而这一倾向竟发展到了如此地步：政治和经济力量的提高，被人广泛当作第一要务，也成为科研经费的主要支出理由。古老的科学将大自然看成是上帝的作品和人类之母，而新科学倾向于将它视为有待征服的对手或有待开采的矿场。

但它们最大也是最有影响的区别，在于科学对人的态度。

"理解的科学"认为人是照着上帝的形象创造的，是最光荣的造物，因此"负责掌管"世界，因为这是高贵者的义务。而"操纵的科学"不可避免地将人只看成是进化的偶然产物、高等动物、社会化的动物、研究对象，可以用研究世间其他现象同样的方法，"客观地"来研究。智慧这种知识，只能靠头脑中最高等、最高贵的能力来运用；"操纵的科学"则相反，这种知识除了严重残障人士，人人都能运用，主要就是指针读数和计算，无须理解公式为什么成立，只要知道公式的确管用，就足以实现应用和操纵的目的了。因此这种知识是公共化的，是用普遍有效的语汇来表述的，这样一来，只要正确地描述出来，所有人都能看得明白。这种知识的公开性和"民主化的"实用性，在更高的存在层次的知识里是找不到的，因为它并不是用人人都能掌握的语汇来表达的。据说，只有能经受公众不断检验或可证伪的知识，才能称得上"科学的"和"客观的"；其他的都被斥为"不科学的"和"主观的"。这些术语被严重地滥用，因为所有知识都是"主观的"，原因是知识只能存在于人的头脑里，而无法存在于别的地方。将知识划分为"科学的"和"不科学的"，这一做法很不严谨，对于知识，唯一有效的问题应该是它是真是假。

"理解的科学"或智慧从西方文化中渐渐消失，把迅速积累且积累速度还在不断加快的"操纵的知识"，变成了最严峻的威胁。正如我在另一部作品中所说的："我们如今已经变得太过聪明，又同时处在没有智慧的情况下，我们已经难以幸免于难了。"我们的聪明劲儿再这样发展下去，绝不是什么好事。人对"操纵的科学"所抱的稳步增长的兴趣，至少带来了三种十分严重的后果。首先，没有对"人存在的意义是什么？"、"什么是善与恶？"以及"什么是人的绝对权利和义务？"这类问题的持续研究，文明必然会深深地陷入痛苦、绝望和欠缺自由的境地。不论人们的生活水平有多高，或者延长寿命的"健康服务"有多么成功，人们都会渐渐地失去健康和幸福。人不能只靠面包活着。其次，将科学的努力系统化地局限于世界最外在、最物质化的层面，导致这个世界显得如此空虚、没有意义，就连那些看出"理解的科学"价值和必要性的人，也无法逃避呈现给他们的那幅据说是

"科学的"图景那催眠般的力量，已然失去了请教"人
类的智慧传统"，并从中受益的勇气和意向。自科学研
究取得成果以来，科学以其系统化的局限和对更高层次
的全然无视作为基础，未能发现任何更高层次存在的证
据，结果却导致信仰非但没有被当作引导智力理解更高
层次的向导，反而被看作是反对和排斥智力的，因而遭
到了排斥，且愈演愈烈，因而所有的回头路都被堵死了。
最后，人不再使用高等能力，无法创造智慧的知识，以
致它们变得萎缩，或者干脆消失了。结果，需要由社会
或个人来解决的所有问题，都变得无从解决。人们更加
疯狂地努力工作，但没有解决或看似无法解决的问题越
来越多。尽管财富也许还在增长，但人的精神质量却下
降了。

人的最高价值是什么

在理想情况下，人的知识结构应与现实的结构相符。在最高层次的，是最纯粹的"理解的知识"；在最低层次的，是"操纵的知识"。要决定该怎么做事的时候，需要的是理解的知识；要在物质世界有效地开展活动时，则需要"操纵的知识"帮忙。

要成功地采取行动，我们就得知道，不同的做法会带来何种后果，以便从中选择最符合我们意图的做法。可以说在这一层次，学习知识的目的就是为了预测和控制。

科学的追求就是深思熟虑，为行动拟订方案。每种方案都是一个这样的条件句：“如果你想实现这个或那个目标，就采取这样那样的步骤。”这个句子应该尽可能简明扼要，不附带任何并非十足必要的想法或概念（“奥卡姆剃刀”原理），其指示应当精确，尽可能不要给操作者留下判断的余地。方案的检验是纯实用主义的，比如要证明是布丁，就吃吃看。这种科学的完善纯粹是注重实效的，是客观的，亦即不以操作者的性格和兴趣为转移，也不可测量、不可记录、不可重复。这样的知识是“公共的”，有些时候它甚至可以被坏人用在邪恶的用途上；任何人只要设法掌握了它，就能获得力量。（难怪人们总想将这种“公共”知识的某些部分秘而不宣！）

在更高的层次，预测和控制的想法变得愈发令人厌恶，甚至荒唐。通过努力，对超越人类的层次有所了解的神学家从未有过片刻预测、控制或操纵的想法。他所寻求的，无非是理解而已。可预见性会让他感到震惊。任何可以预见的事物，都有着“固定的本质”，而存在的层次越高，其本质的固定性越弱，弹性越大。“在神凡事都能”

（《圣经·马太福音》第 19 章第 26 节），但氢原子的活动自由则是极其有限的。因此无生命物质的科学，如物理、化学和天文学都可以获得堪称完美的预测能力；它们可以变得完整并臻于完善，就像力学所宣称的那样。

作为物理 – 化学系统，人在很大程度上是可以预测的；作为活生生的躯体，可预测性就低了一些；作为有意识的存在，可预测性就更少了；作为有自我意识能力的人，则几乎是不可预测的。不可预测的理由，并不在于研究者缺乏契合，而是在于人自由的本质。在自由面前，"操纵的知识"是不可能适用的；但"理解的知识"是必不可少的。后者从西方文明中近乎彻底消失的原因不是别的，而是对传统智慧的全面忽略。原本西方文明曾像世界任何地方一样，是智慧的宝库。但近三百年来的不均衡发展，使西方人变成了手段上的富人，目的上的穷人。他的知识层级结构失去了顶端的头部；他的意志陷于瘫痪，因为他失去了分辨价值高低的基础。那么他的最高价值是什么呢？

当一个人主张某件事本身就是好的，而不用更高的善来为其证明时，他的最高价值就实现了。现代社会为其"多元化"感到自豪，很多事都可以说成是"本身就是好的"，很多事都可以成为目的，而不是为了实现一个目的的多重手段。它们有着同样的等级地位，都被赋予了同样的优先性。如果说，某件事无须证明就可以称作是"绝对"的话，那么现代社会表面上主张一切都是相对的，实际上却在崇拜很多的"绝对"。要将它们逐一列举齐备是不现实的，我们就此略过。如今权力和财富被看作"本身就是好的"，只要它们为我所有，而不是为别人所有。除了权力和财富，还有知识本身、行进的速度、市场的大小、变革的速度、受教育的程度、医院的数量等等。事实上，这些神圣不可冒犯的事物，无一是真正的目标，而是实现目标的手段。艾蒂安·吉尔松评论道：

> 在知识世界的地狱里，对这种罪行有种特殊的惩罚，就是重新倒退回神话时代……失去了基督教上帝的世界，就像那个还没有找到他的世界一样。就像泰勒斯和柏拉图的世界一样，我们的现代世界"满是神灵"。有盲目的进化论、目光敏锐的直向进化论、乐善好施

的进步论，还有其他一些神灵，它们的名字还是不提为好。如今，人类已经把自己变成了一群"异教徒"，干吗还要毫无必要地伤害他们的感情呢？不过我们还是有必要认清这一点：人类注定要在新的科学、社会、政治神话的魔力下生活，而且受其影响的程度一定会日渐加深，除非我们果断地驱除这些令人头昏脑涨的观念，它们给现代生活带来的影响正在变得让人害怕……因为诸神混战之时，人只有死路一条。[6]

有这么多的神灵，彼此竞争，都声称自己是第一位的，没有至高无上的上帝，没有至高无上的善或价值，其他一切都要证明自身的正当性，社会将会不可避免地陷入混乱。现代世界充满了这样的人，吉尔松把他们描述成"伪不可知论者……兼具科学知识和好交际的慷慨大度，又完全缺乏哲学修养"；[7] 他们无情地利用"操纵的科学"的威信，让那些试图重新发展"理解的知识"而恢复人类知识大厦完整性的人气馁。驱使他们这样做的动机是恐惧吗？亚伯拉罕·马斯洛提出，对科学的追求往往体现出一种防御心理。"它首先是一种逃避焦虑不安的保险哲学、安全体系、复杂方式，在极端情况下，它还会是一种逃避生活的方式，一种自我遁世。"[8] 不论实情是否如此都无疑存在着一种迫切的逃避愿望，想要逃避传统观念上的人的责任和义务，而忽视这些责任和义务可能是有罪的。尽管现代社会充满混乱和痛苦，但几乎找不出什么观念比罪的观念更让人难以接受。不管怎么说，罪究竟是什么意思？教义上说，它的字面意思是射箭时"没命中靶子"；指没能实现人生目标，而这场人生本可以给人带来无可比拟的发展机会、巨大的机遇和特权，佛教徒所说的"难得"就是这个意思。教义所说是否属实，不是任何"操纵的科学"所能判定的，只能由让人足以创造"理解的科学"的最高能力来判定。而如果"理解的科学"的可能性遭到全面封杀，那么最高的能力永远也得不到运用并逐渐衰微；那么透彻理解人生，并且实现人生目的的可能性也就消失了。

威廉·詹姆斯（1842—1910）在这一点上说得没错：这件事对我们每个人而言，首先都是一个意愿的问题——正如传统上都把信仰也视为意愿的问题一样。

要不要道德信念，这个问题是由我们的意愿决定的。
我们的道德偏好是真实的还是虚幻的，还是只是古
怪的生物学现象，能让事情有利或不利于我们，但
其本身并无差别？对这种事，你只用智力，如何能
判断得出来呢？如果你的心不想要道德实在论的世
界，你的头脑就绝不会让你相信这样的世界是存在
的。的确，靡非斯特式的怀疑论要比任何严格的理
想主义，更能满足头脑的游戏本能。[9]

现代社会倾向于对需要人的高级能力的一切，都持怀疑
态度。唯独对几乎什么都不需要的怀疑论，不加怀疑。

四种认知领域：

第一种领域——认识你自己

我的内在世界正发生着什么

被我们选中用来构建思维地图和指导手册的第一座地标，就是世界的层级结构——四大存在层次，其中较高的层次总是能够"理解"比它低的层次。

第二座地标也是类似的结构，由人的感官、能力、识别能力组成。这与"通信"有些相似，因为除非我们拥有或运用某个器官或手段去接收世界的某个部分或某一面的内容，否则我们就无法体验到它。如果我们没有必需的器官或手段，或者我们无法使用它，就无法与世界的任何一个部分或层面相契合，结果就是断定这部分对我们而言根本就不存在。这就是契合的真理。

由这个真理可以推断，任何系统化的忽视，或者限制使用我们的识别器官，不可避免地会导致世界的真实情况在我们眼中不再那么有意义、丰饶和有趣等等。反之也成立：运用某些平时出于某种理由处于休眠状态的识别器官，它们的全面开发和完善会让我们发现新的意义、新的丰饶、新的乐趣——这都是此前我们一直未能接触到的世界的方方面面。

我们看到，现代科学为获得客观性和准确性付出了坚定的努力，限制了人的识别手段的使用，而且所采取的方式有些极端：使用某些科学仪器，采用色盲的、非立体的读数。这样一套方法不可避免地会给出一幅囿于最低层次的世界图景，局限于无生命物质，倾向于认为更高层次的存在，包括人类也是原子的复杂排列而已。现在，我们对这个问题再做进一步的探究：如果现有的方法获得的是不完备、片面、十分贫乏的图景，那么需要采用什么样的方法，才能获得完整的图景？

人们常说，对我们每个人来说，现实分为两个部分：一部分是"我"，另一部分是其他的一切——包括你在内的这个世界。

我们还能观察到另一种两重性：有些事是看得到的，有些事是看不到的，或者，我们可以称之为外在体验和内在体验。越是沿着存在的巨链往上看，越会发现，内在体验变得比外在体验更加重要。内在体验无疑是存在的，但它们无法被我们的日常感官观察到。

从这两个对子——"我"和"世界"，"外表"和"内在体验"——当中，我们可以得到四种"组合"，可以将它们表示如下：

（1）我——内在　　　　（3）我——外在

（2）世界（你）内在　　（4）世界（你）外在

这就是四种认知领域，每一种都与我们息息相关，对我们至关重要。与这四种认知领域有关的问题，也可以表述如下：

（1）我的内心世界，正在发生着什么？

（2）其他存在的内心世界，正在发生着什么？

（3）我在其他存在的眼里，是什么样的？

（4）我所看到的周遭世界，是什么样的？

简化到极致的话，我们可以说：

（1）＝我有何感受？

（2）＝你有何感受？

（3）＝我看起来如何？

（4）＝你看起来如何？

（当然，这四个问题的编号，以及后续四种认知领域的编号，是随机排列的。）

在这四种认知领域中，我们能够直接接触到其中两种——领域（1）和领域（4）；也就是说，我可以直接体会到我的感受，我也可以直接看到你的样子；但我无法径直得知，成为你是何种滋味；我也不知道，我在你眼中是什么样子。我们如何获得另外两个无法直接接触到的领域——（2）和（3）的知识，或者说，我们如何知道并理解其他存在内部发生着什么（领域2），以及从外部看来，当我们只是观察对象时，只是无数其他存在之一时，是什么样子（领域3）；我们要如何进入这两种认知领域？这的确是最有趣并且至关重要的问题之一。

［在柏拉图的《斐德罗篇》（*Phaedrus*）里］苏格拉底说："我必须首先了解我自己，就像特尔斐神谕说的那样，对与我无关的事情感到好奇，却对自己缺乏了解，是荒唐的。"让我们效法这位榜样，先从认知领域（1）说起吧。我的心里究竟在发生着什么呢？什么让我喜悦？什么让我痛苦？什么令我坚强？什么令我软弱？我在何种程度上掌控生活，又在何种程度上受制于生活？我受制于我的头脑、我的感受吗？我可以为所欲为吗？这种内在的认识，对我的生活有什么价值？

在继续探讨细节之前，我们应该首先考虑一下这个事实：柏拉图的《斐德罗篇》里的那句引文，在世界各地、各个时代，都可以找到类似的说法。类似的话甚至足以写满一本书。我仅从惠托尔·N. 佩里先生编选的集子里撷取数例。[1]

犹太人斐洛（公元前 1 世纪末）：

> 在你仔细审视并认清自己之前，再怎么祈求，也不能……让你口中有关日月，或者有关远离我们、性质迥异的其他星辰的说法，显得煞有介事。在你认清自己之后，谈论其他问题时，我们或许会相信你的话；但在你确立自我之前，不要以为你能在其他问题上扮演裁判官，或者充当可信的见证者。

普罗提诺（205—270）：

> 退回到你的自我中去看看吧。如果你认为自己还不美，那就像雕刻家那样做吧；他切掉这儿，磨光那

儿，把这根线条变得轻柔一些，另一根线条变得纯粹一些，直到一张可爱的脸庞从他的作品中浮现出来为止。所以你也……绝不要停止雕琢你的塑像……

《日耳曼神学》（约在公元 1350 年）：

彻底地了解你自己，因为这是最高妙的艺术。如果你充分了解自己，那么你在上帝面前，就会比这样的人——缺乏自知，却了解天穹、各种植物、星辰、各种药草的价值、人的构造和性情、动物的本性等等，以及拥有天堂里和大地上的所有技艺——更好，更值得嘉许。

帕拉切尔苏斯（1493？—1541）在他那个时代，是最渊博的人之一，他对各种药草的价值了如指掌。他又是怎么说的呢？

人并不了解自己，因此他们并不理解自己内心世界的事物。每个人的内心当中，都有上帝的要素、世

间所有的智慧和力量（处于萌芽状态）；他掌握一种
又一种知识，如果他在自己心中没有发现这种知识，
就不能说自己真正掌握了这门知识，而只能说，他
未能成功地探索到它。

印度的斯瓦米·拉姆达斯（1886—1963）说：

"向内在探寻——了解你自己"，这些秘诀和庄严的
暗示由吠陀仙人口中说出，透过世世代代的尘埃，
向我们飘送过来。

伊斯兰世界的阿齐兹·伊本·穆罕默德·奈赛菲（公元7—
8世纪）说：

当所有人问穆罕默德"我要怎样做，才不会虚度人
生？"时，先知回答说："学着了解你自己。"

中国老子的《道德经》里说：

知人者智，自知者明。

莎士比亚的好多部戏剧讲的都是人认识自我的过程，尤其是《一报还一报》：

> 请问大人，公爵是个何等之人？
> 他是一个重视自省工夫甚于一切纷争扰攘的人。[2]

最后，我们再来听听一位 20 世纪的作家 P. D. 邬斯宾斯基（1878—1947）是怎么说的。他将自己的"基本思想"阐述如下：

> ……如我们所知，人并不是完备的；大自然只让他发展到一定的地步，然后就撇下他不管了，他要么通过自己的努力和手段继续发展下去，要么至死都像出生时一样，要么退化、失去发展的能力。

> 人的进化……意味着某些内在品性和特征的发展，它们通常是不发达的，也无法自行发展。[3]

现代社会对所有这一切知之甚少，尽管它提出的心理学理论和出版的心理学著作，比以往任何时代都要多。正如邬斯宾斯基所说："有时心理学被称作是一门新科学。这话大错特错。心理学也许是最古老的学问，而且不幸的是，就其本质而言，它还是一门被遗忘的学问。"[4] 这些"本质"主要存在于宗教的教诲中，其消失在很大程度上源于宗教在近几个世纪的式微。

传统心理学，将人视为尘世的"朝圣者"和"旅人"，他有可能登上"救赎"、"启迪"或"解放"之山的顶峰。他首先并没有被当作必须矫治"正常"的病人，而是被当作能够变得，也注定会变得非同寻常的正常人。许多重要的宗教教义都有"道路"这一核心观念：中国的道家学说就是以"道"——道路① 来命名的，佛教学说被称作"中道"，耶稣基督本人宣称"我就是道路"。朝圣者需要完成一段内心的旅程，这需要一定程度的果敢，有时还

---

① 道的原始含义指道路，后逐渐发展为道理，用以表达事物的规律性。道家学说以"道"为最高哲学范畴，认为"道"是世界的最高真理。——编者注

要坚定地忽略日常生活中的闲杂小事。正如约瑟夫·坎贝尔在其绝佳著作《千面英雄》中所表明的那样，传统教义在形式上大多是神话，它们"并不把最伟大的英雄看作是仅有美德的人。对超越所有二元对立的最终觉悟而言，美德只是富有教益的前奏。"[5]只有通过清晰的工具，才能看到一清二楚的图景。

我们不应认为，只有英雄才能完成"内心的旅程"。它需要一种内在的投入，任何对于未知的投入，都有其果敢之处，但这份果敢人人都有。显然，对于"第一种认知领域"的学习需要全心投入，因为只有全心投入，才能胜任这一任务。独眼而色盲的观察者显然行之不远。但要怎样做，才能让全心投入的人运用出最高等的能力？在探讨四种存在层次时，我们发现，与动物相比，人的巨大优越性是需要承认的；而那种让人比动物优越的"外来添附的能力"——"z"，我们认定，它与自我意识紧密相关。如果没有自我意识，是完全无法对人的内心世界展开探索和研究的。

裸露的注意力

自我意识与注意力密切相关，或者说与引导注意力的能力密切相关。我的注意力在绝大多数时间里受制于外部力量，而这些外部力量或许并不为我所左右，比如声音、颜色等等；另外，注意力也受制于我的内在力量，比如期待、恐惧、担忧、兴趣等等。当注意力十分投入时，我的活动就像一台机器一般——好像并不是我在做事，但它就那么发生了。但这种可能性是始终存在的，我有可能将事情攥在手心里，在很大程度上自作主张地引导我的注意力按照自己的选择去做事，做一些并没有吸引

住我的注意力但我想去做的事。有意地引导注意力，与
注意力被动地被外物俘获，其间的区别正如有目的地做
事与让事情自行发展一样，或者说，正如"生活"与"被
动生活"之间的区别一样。没有什么课题比这更有趣；没
有什么课题在所有的传统教义中，占据着更核心的位置；
没有什么课题在当今世界的思想中，遭到了更多的忽略、
误解和歪曲。

欧内斯特·伍德在他论述瑜伽的书里，谈到了他（我认
为是错误地）称之为"冥想"的一种状态。他说：

> 不错，我们常常会"失去自我"。我们探头窥看某人
> 的办公室，然后踮着脚离开，跟同事小声说："他陷
> 入了沉思。"我认识一个人，他常常授课，他所讲授
> 的课题需要全神贯注的思考。他告诉我，他掌握了在
> 授课时将自我从思绪中完全排除的本领，那就是彻底
> 地忘我。他在精神上审视着自己讲授的课题，仿佛在
> 循着一张地图前进，他的思绪走到哪儿，嘴里的话就
> 跟着说到哪儿。他告诉我，在授课期间，他会有那么

一两次意识到自身的状态，当他最终坐下来的时候，他会惊讶地发现，竟是自己讲了这么一堂课。并且他什么都记得。[6]

这是一段精彩的描述，描述了一个像是编排好程序的机器般的人，执行了之前设计好的程序。他本人，编排程序的人，反而派不上什么用场了，同时在精神上，他可以不再发挥作用。如果这部机器所执行的程序编排出色，那它就会进行一次精彩的授课；如果程序编排欠佳，那么授课效果也会欠佳。我们很熟悉执行"程序"的可能性，比如一边开车一边进行一场有趣的对话。我们也许开车开得很"专心"，很谨慎，同时又把真正的注意力放在谈话上，这两者看似矛盾。我们是否同样熟练地掌握了引导注意力的本领，可以随心所欲地引导我们的注意力，不受制于"吸引力"的大小，并且能够按照我们的心意，让注意力尽可能地停留在那儿？这个问题的真实答案是：我们不能。拥有完全自主和自我意识的时刻十分罕见。我们在多数时间里都生活在某种被动境地；总会被这样或那样的东西吸引，在被动境地随波逐流，执行那些已经存入我们机器内部的程序，而至于是谁，在何时如何存入的，我们不得而知。

因此，在我称作"第一种领域"中的第一项研究课题，就是注意力，然后紧接着要研究的是我们的机械性。在这项研究中，就我所知，最有帮助的要数 P. D. 邬斯宾斯基的《人可能进化的心理学》一书。

邬斯宾斯基的这一看法不难验证：我们在任何时候都会发现，自己处于以下三种不同的"状态"或"部分自我"之一——（用他的术语来说就是）机械的、情感的或智力的。这些不同"部分"的主要评判标准，就是我们的注意力水平。

> 当没有施加注意力，或者心不在焉时，我们是处于机械的部分；当注意力被观察对象或思考对象所吸引，并停留在那儿时，我们是处于情感的部分；当注意力被我们的意志所掌控，施加于对象之上时，我们是处于智力的部分。[7]

为了意识到我们的注意力正在何处，它正在做些什么，我们必须要清醒，要进入"清醒"这个词字面意思的状态。当我们像一台编好程序的计算机或别的什么机器，机械地做事、思考或感受时，我们显然并未做到那种意义上的清醒，我们所做、所想或感受的事物，并非有意选择的。事后我们也许会说"我并不是有意要那么做的"或者"我也不知道我是怎么了"。我们可以打算、同意甚至郑重承诺要做各种各样的事，但如果我们随时都容易陷入"并不是有意要做"的活动，或者被"不知怎的"控制了我们的什么东西所驱策，那我们的意图还有什么价值呢？当我们没有保持注意力的清醒时，显然没有自我意识，因此这时我们算不上是完完整整的人；我们很可能会像动物那样，无助地按照不受控制的内驱力或外在冲动来行事。

要在这些至关重要的问题上得到指点，人类无须等到现代心理学出现。如前所述，传统智慧，包括各种重要的宗教，总是将自己描述成"道路"，并且把某种觉醒作为追求目标。佛教一直被称作"觉悟的教理"。《新约》通篇都告诫人要保持清醒，不要陷入沉睡。在《神曲》的开篇，但丁发现自己置身于黑暗的森林，却不知道自己是如何来到这里的："我当时是那样睡眼蒙眬，竟然抛弃正路不知何去何从。"人的敌人并不是通常意义上的睡眠，而是注意力的漂游、游荡和一成不变的活动，这种活动把人变得无力、悲惨，比完整的人逊色。没有了自我意识，亦即没有了意识到自身的意识，人只能幻想自己还控制着自己，幻想自己有自由意志，能够贯彻自己的意图。事实上，正如邬斯宾斯基所说的，他并没有形成意志的自由和按照意志行事的自由，比一台机器强不了多少。只有在难得的、拥有自我意识的时刻，他才有这样的自由，所以他最重要的任务是想方设法让自我意识变得连续、可控。

不同的宗教为此发展出了不同的思想道路。我们在此聊举几例。"佛教冥想的核心"是"四念处"，或"觉"。当代高僧向智长老在他的书里，用下面的话来介绍这个题目：

本书的写作基于对此的深切确信：正如佛祖在其四念处的训示中所教导的，正觉的系统培养，仍然是最简单直接、最彻底有效的心灵训练方法，可以让心灵胜任日常的任务，也能让心灵解决问题，实现其最高目标——让心从贪欲、憎恨和妄想中坚定不移地解脱出来……

这一古老的正觉之道，在今天就像在 2500 年前一样有用，在西方和东方同样适用；在混乱的生活中与在清净的禅房中同样适用。[8]

正觉的发展，其要旨在于注意力强度和质的增强，注意力的质的本质，在于注意力的裸露。

裸露的注意力，是在连续的洞察时刻，对发生在我们身上和我们心里的事情的清晰而专注的认识。之所以称之为"裸露"，是因为它只专注于观察所得的、赤裸裸的事实……注意力或觉只是原原本本地记录观察到的事实，而没有用行为、言语或与其自我

有关的精神投入（比如好恶等等）、评价或思考，与
之进行互动。如果在这段或长或短的时间里，由于
裸露的注意力的运作，使人的头脑出现了此类看法，
那么这些看法本身也会变成裸露的注意力的注意对
象，它们既不会遭到否定，也不会被积极追求，在
注意力给它们打上简短的精神标记之后，它们会从
脑海中被排除出去。[9]

上述数例或许已经足以说明这种方法的本质了：要实现
裸露的注意力，就得制止，或者在无法制止的情况下，
冷静地留意所有"内心的杂念"。裸露的注意力凌驾于思
考、分析、争辩和形成看法之上。这些活动是必不可少
的，但都是辅助性的，它们对人通过裸露的注意力获取
的洞见进行分类、联系和表达。"通过采用让注意力裸露
的方法，"向智长老说，人的头脑"回到了事物的萌芽状
态……观察回到了洞察的初始阶段，此时心灵处于纯粹
的接收状态，注意力仅仅局限于对客体的、赤裸裸的注
意"。[10]

用佛祖的话来说，就是"在所见当中唯有所见，在所听当中唯有所听，在所感（如嗅觉、味觉或触觉）之中唯有所感，在所思当中唯有所思"。[11]

总之，佛祖的觉悟之道为的是确保在人的理性开始运作之前，获取的是真正的、不含杂质的素材。容易让素材掺入杂质的是什么呢？显然是人的自我对利益、欲望的迷恋，或者用佛教的话来说，就是人的贪欲、憎恨和妄想。

宗教就是让人与真实重新联系到一起，不论这份真实被称作上帝、真理、安拉还是涅槃。而虽然基督教教义里的方法被赋予了一套截然不同的语汇，但它们都殊途同归。只要渺小、自负的"我"挡在路上，就什么目标也别想实现。实际上，渺小、自负且十分不协调的"我"可能会有许多，想要摆脱"我"，人必须专注于"上帝"，用"赤裸的专注"，正如一部著名的英文经典作品《不知之云》所说的那样："对上帝自身的赤裸专注就足矣。"敌人是念头的干预。

如果有任何念头冒出来，挡在你与黑暗之间，问你，你要寻找什么，你想要什么，你要这样回答——你想要的是上帝："我渴望他，我寻求他，没有别的，只有他。"……它［指思绪］很可能会让你想起它的很多可爱和美妙的好处……它会越说越多……你的思绪也会越飘越远，萦回在往事之中。还没等你反应过来，你就被难以置信地瓦解了！为什么呢？就因为你随便同意听取那个念头，做出了回应，接受了它，由得它去。[12]

念头的好坏不是问题。真实、真理、上帝、涅槃是不会被思绪找到的，因为思绪属于意识确立的存在层次，而不是自我意识确立的更高层次。在后一层次，思绪有其合理的地位，不过是从属地位。思绪不可能导向"觉醒"，因为关键就是要从思考中觉醒过来，进入"寻求"之中。思绪可以提出诸多问题，它们或许都很有趣，但它们的答案并未让我们醒觉。在佛教里，它们被称作"妄念"：

这被称作是见解的盲道、见解的峡谷、见解的荆棘、见解的灌丛、见解之网……众位弟子，见解犹如疾病；见解犹如肿瘤；见解犹如疮口。众位弟子，战胜所有见解，才能成为得道的圣者。[13]

什么是瑜伽？据最伟大的瑜伽导师帕坦伽利（约公元前300年）讲："瑜伽是对头脑当中的想法的控制。"我们的处境不光是我们所遭遇的种种生活现实，（甚至在更大的程度上）也是我们头脑之中的想法。如果不先控制一个人头脑中的想法，是不可能控制环境的，各种宗教最重要也最普遍的教诲,（用佛教用语来说的话）就是内观——清晰的视觉，只有那些成功地将"思维能力"放到应有位置上的人才能做到，这样一来，思维能力才能听话地保持沉默，只在接到特定的明确任务时，才会开始运作。下面这段话同样出自《不知之云》：

因此，你那总是十分活跃的想象力，其运作……必须时常抑制。你若不抑制它，它就会抑制你。[14]

心的祈祷

印度的核心法门是瑜伽，基督教的核心法门是祷告。向神求助，感谢他，赞美他，是基督教祈祷的正确方式；然而祈祷的本质远不止如此。基督徒被倡导"不住地祷告"。耶稣"设一个比喻，是要人常常祷告，不可灰心"（《圣经·路加福音》第 18 章第 1 节）。千百年来，基督徒们对这一要求颇为上心。有关这一问题最著名的篇章，也许要数《朝圣者向精神之父所做的坦率陈述》，它是世界文学中的一件佚名的珍宝，最初于 1884 年在俄国付印。

我读了圣保罗的帖撒罗尼迦前书。其中劝勉我们，要不住地祷告，这话深深印在我的心头。我开始寻思，不住地祷告是否有可能，因为每个人为了讨生活，都有事要做……"我该怎么办呢？"我沉思道，"我到哪儿去找人为我解释一下这话呢？"[15]

后来这位朝圣者得到了《菲罗卡利亚》[16]，它"如二十五位教父所说，包含了有关在心中不断祈祷的完备而细微的知识"。

内心的祈祷也被称作"心的祈祷"。尽管西方并非对此一无所知，但使它臻至完善的，主要还是希腊和俄国的东正教。其要义是"心有所思地站在神的面前"。这一说法有如下解释：

"心"这个字眼在东正教关于人的教义中，有着特殊的重要意义。当代西方人说起心时，他们指的往往是情感和爱意。但在《圣经》以及在东正教的多数苦修经文中，心都有着更宽泛的含义。不论是在生理

意义上还是在精神意义上，它都是人这一存在的首
要器官；它是生命的中心，是我们所有活动和愿望
的判定原则。就其本身而言，心显然包含着爱和情
感，但它也包含着许多别的内容：它实际上包含了
我们所说的“人”的所有组成部分。[17]

至此，人因为自我意识这种神秘的能力而与其他存在有
所区别，而这种能力如前所述，在心中有自己的位置。
人在心中可以感受到，这种能力犹如一股特殊的暖意。
伟大导师隐士西奥芬（1815—1894）这样解释道：

　　通过运用短的祷文，聚精会神于一件事上，就有必
　要保持好注意力，并把它引入心中，因为只要心思
　还在思绪纷至沓来的头脑之中，就无法集中在一件
　事上。然而当注意力沉入心中，它就会把全部身心
　的力量都吸引到心里的一个点上。将整个人的生命
　汇集到一处，这种做法马上便会在心里引起反应，
　激起一种特殊的感受：会有一股暖意袭来。这种感
　受起初尚且模糊，随后渐渐变得更强烈、更坚定、

更深沉。起初只是温热，随后变得温暖，并且使注意力变得集中。于是这样一来，起初注意力是凭借意志力而留在心里，后来则是凭借其自身的活力留在心里，它给心带来了温暖。这种温暖无须特殊的努力，就能攫住注意力。这两者由此相互扶持，但一定得将这两者分开，因为注意力的涣散会让这股暖意冷却，而暖意的消除会削弱注意力。[18]

对寥寥数语无休止地反复默祷，会取得一种精神成果，在某种程度上，这种成果的标志就是从生理上感受到精神的暖意，这种说法在现代人看来太过离奇，现代人会斥之为不知所云的胡言乱语。我们引以为傲的实用主义和对事实的尊重，让我们难以轻易尝试。为什么不试试看呢？因为尝试了，就会获得某些洞见，某些认识，一旦我们接纳了它们，它们就不会离开我们了：它们会给出某种最后通牒——你要么改变，要么毁灭。现代世界喜欢玩弄事物，但研究和培养自我意识的直接方法所取得的成果，可不是好玩的。

换言之，第一种认知领域对那些不承认在人的存在层次，"不可见的"要比"可见的"更强大、更重要的人来说，犹如一片雷区。传统上，教育人们知晓这一基本真理，一直是宗教的功能，因为宗教被西方文明所舍弃，就没有什么能给人带来这一教诲的了。所以西方文明对人的存在层次出现的真正的生活问题，变得束手无策。它在低层次上游刃有余；可是一遇到与人有关的问题，它就变得既无知又无能为力。在没有宗教权威的智慧和戒律的前提下，第一种认知领域处于被人忽视的境地，犹如一片长满野草的荒原，其中许多野草还带有毒性。有益健康并有用的植物或许也有，但只是偶尔才会碰上。没有自我意识（完全意义上的"z要素"），人的言行举止、学习和反应，就会显得像机器一样——其行为依据是偶然、下意识获得的"程序"。他没有意识到，他是在按照程序行事，因此要给他重新编制程序。让他的思想和行为迥异于前并不是一件难事，只要新的程序别让他觉醒就行。一旦他觉醒了，谁都无法再给他编排程序了，他会自己给自己编排程序。

我用现代语言传达的这一古老教诲，暗示出其中涉及的是两种元素或媒介：计算机编程人员和计算机。后者运行良好，意识不到前者的存在。意识"y要素"运行良好，意识不到自我意识"z要素"的存在，这一点已经为所有高等动物所证实。所有重要的宗教都断言，人的"心灵"的完满不能只归结为一项要素，这一断言最近也被现代科学所证实。享年84岁、誉满全球的神经学家和脑外科医生怀尔德·彭菲尔德博士在去世前不久，将其种种发现集结为一部总结性作品，书名为《心灵之谜》。他写道：

> 在我的整个科学生涯中，我像其他科学家一样，竭力要证明大脑就是心灵的缘由。不过现在，也许是时候积极地考虑一下现有证据，提出这样的问题了：大脑的机理是心灵的缘由吗？心灵能用我们目前对大脑的认识来解释吗？如果不能，那么下面两种假设哪一种更合理：人的存在是以一种要素为基础，还是两种？[19]

彭菲尔德博士得出结论，"心灵似乎完全独立于大脑，就如同编程人员独立于他的计算机一样，不论他出于某些特定目的，对那台计算机的功能有多么依赖"。他进一步解释道：

> 因为在我看来，确定无疑的是，以大脑的神经活动为根据来解释心灵，简直毫无可能；因为在我看来，在个人的生活中，尽管心灵是一项连续存在的要素，但它的发展和成熟始终都是独立的，因为一台计算机（大脑就是这样一台计算机）一定得由某种能够独立理解问题的媒介来操作，所以我不得不选择这样一种主张：要解释我们的存在，必须以两种基本要素为基础。[20]

显然，编程人员要"高于"计算机，正如我所说的自我意识要"高于"意识一样。研究第一种认知领域，意味着对"更高"的要素进行系统训练。只让计算机运行得更有规律或者更快，是无法让编程人员得到训练的。他需要的并不是对事实和理论的认知，而是理解或洞见。并不让人奇怪的是，获得洞见的过程与获得认知的过程截然不同。许多人看不出认知和洞见的差异，因此把四念处、瑜伽或不断祈祷之类的训练方法，视为某种迷信的胡言乱语。这样的看法显然并无价值，只是表明了其缺乏契合而已。所有系统化的努力都会取得某种成果。

> 耶稣祷文所起的作用是不断地提醒人，让人时时刻刻注意内在，注意他一闪即逝的思绪、陡然迸发的情绪及至活动，好让他尝试着控制它们……通过细致审视和观察他内在的自我，他会日益认识到自己没有价值，这一认识有可能会让他充满绝望……这些是人的灵性觉醒的呻吟……这种静默也包括内心的静默，祈祷者本人的心灵的静默，将想象力与始终不停的思绪、言语、印象、想象和白日梦汇成的激流隔绝开来，这种激流让人始终处于沉睡之中。要做到这一点并非易事，因为心灵的运作几乎是自主的。[21]

很少有现代西方哲学家对学习第一个领域的知识给予如此严肃的重视。一个少有的例外是 W. T. 斯泰斯，他从

1935 年起，在普林斯顿大学做了近 25 年哲学教授。在他的《神秘主义与哲学》[22] 一书中，提出了这个早该提出的问题：“如果存在所谓的‘神秘体验’，那它给哲学带来了什么意义？”他的研究将他引向了“内省的神秘体验”，并由此引向了那些寻求此类体验的人所采用的方法。斯泰斯教授采用了“神秘”一词或许是件不幸的事，这个词的意思也有些神秘兮兮的，实际上这里并没有什么神秘的事，只有对人的内在生命的专注探寻。但这并未降低其观察的到位和出色水准。

首先他指出，有关这一“内省体验”的基本心理学事实，其实质“在全世界各个地方、各个时代、各种文化、各种宗教中，都是一样的”。斯泰斯教授使用的是哲学学者的笔调，也并未声称自己有过这些个人体验，因此他觉得它们相当奇特。他写道：“它们如此特殊和矛盾，一旦向没有准备的人突然提起，准会有损于他们的信仰。”接下来，他阐述了“神秘主义者们陈述的所谓事实，未加评论和评判”。尽管他陈述这些事实时，并未使用神秘的字眼，但他的阐述方式十分明晰，有必要在此简要复述一下：

> 假设，人要阻塞生理感官的入口，好让感受无法触
> 及意识……看起来，并没有什么先验的原因，让人一
> 心想着目标……不应该通过获得充分的专注和精神控
> 制力，将所有的生理感受从他的意识当中排除出去。

> 假设，在摆脱了所有的感觉之后，人还要继续排除
> 所有的意识和所有的感官画面，然后排除所有的抽
> 象思维、思考过程、意志自主，以及其他特定内容，
> 那意识还会剩下什么呢？不会有任何精神内容了，
> 只有彻底的空无。[23]

当然，这正是那些研究内在生命的人所追求的目标：排
除感官或"思维功能"带来的所有纷扰。但斯泰斯教授
十分不解：

> 可以这样先验地假设：随后，意识便会全然失效，
> 人就会昏然入睡，或者变得人事不省。但内省的神

秘主义者——全世界成千上万的神秘主义者——一致断言，他们已经达到了这种完全的精神空白，但随之而来的却绝非陷入昏迷。相反，随之而来的是纯粹的意识状态——"纯粹"的意思是说，它并不是任何经验主义内容的意识。除却自身，它不含有任何内容。[24]

用我在前面用过的语言来说，脱颖而出的是计算机编程人员，他当然不含有计算机的任何"内容"；换言之，z要素"自我意识"，只有在y要素"意识"离开舞台中央的时候，才会真正成为自己。斯泰斯教授写道："矛盾之处在于，竟然会有一种积极的体验，而其中却没有任何积极的内容——这种体验既有内容，又没有内容。"[25]

但在一种有内容同时又没有内容的体验中，一种"更高级的"力量取代一种"低级的"力量，并没有什么矛盾之处。只有对那些相信没有什么比日常意识和经验更"高级"或"高超"的人来说，才存在着矛盾。他们怎么会相信这样的事？当然，每个人在生活中都有一些时刻，它们的重要性和真实感要胜过日常的生活。这样的时刻就是一些暗示，对未能实现的可能性的一瞥，自我意识的闪现。斯泰斯教授紧接着解释如下：

> 我们通常的日常意识总有其对象或画面，或是我们内心感受到的感觉或思绪。假设这时我们抹去了所有生理或心理的客体。当自我不再忙于理解种种对象时，它才能意识到自身。自我本身出现了……

> 也可以说，神秘主义者摆脱了经验主义的自我，从而使通常隐匿不见的纯粹自我见了光。经验主义的自我就是意识的河流。纯粹的自我是将这条河的支流约束在一起的统一体。[26]

这与怀尔德·彭菲尔德博士的看法在本质上是一致的，两者都证实了重要宗教的核心教诲，这些宗教尽管语言不同、表达方式不同，但都劝告人打开心扉，接受他体内的"纯粹的自我"、"自己"、"空"或"神圣的力量"；可以说，想要觉醒，就意味着脱离计算机，变成编程人员，用自我意识超越意识。只有将注意力从可见之物中收回，将它交托给不可见之物，把自我从感官和思维能力——两者都是奴仆而非主宰——的束缚中解放出来，才能实现这种"觉醒"。"……原来我们不是顾念所见的，乃是顾念所不见的；因为所见的是暂时的，所不见的是永远的。"（《圣经·哥林多后书》第 4 章第 18 节）

关于自我意识的获取，用我们的话来说，就是对第一种认知领域的研究。这门最伟大的技艺，还有很多的话可说。但眼下转向第二认知领域——我们可能从其他存在的内在经验中获得的认知，它会更有用。但有一件事是确定无疑的：我们似乎无法直接取得这样的认知（正如前文所述）。那么，要怎样才能获得这样的认知呢？

章七

四种认知领域：

第二种领域——认识其他存在

只是沟通的问题吗

存在层次越高，内在体验，或者说"内在生命"就越重要。这是与外表相对而言的，外表也可以说成是可以测量和直接观察得到的属性，比如大小、重量、颜色、动态等等。同样，存在层次越高，我们就越有可能获得某些对其他存在的"内在生命"的认识，至少在人这个层次的我们是有可能做到的。我们确信，自己的确能够发觉另一个人心里的事；甚至能认识动物的少许内心活动；而对植物的"内心"则一无所知；对所有的石头和其他无生命物体的"内心"，更是绝对的一无所知。圣保罗说：

"我们知道一切受造之物一同叹息、劳苦，直到如今"[1]，我们或许可以在人和动物身上看出他这句话的意思，但从植物和无机物那里却很难看出什么。

那么，让我们从其他人说起吧。我们如何得知他们心里在想什么？如前所述，我们住在一个人"不可见"的世界；他们大多不愿意让我们知晓他们的内在生命；他们说："别打扰我，让我自己待着吧，管好你自己的事情吧。"甚至在某人想要向其他人"袒露灵魂"的时候，也会发现这很难办到，他不知道该如何表达自己，他并没有有意误导的意思，却往往会说出一些不真实的事情来；绝望之余，他甚至会放弃语言沟通，而是尝试借助姿势、符号、身体的触碰、喊叫、哭泣甚至暴力来表达自己。

尽管常常有些诱惑让我们忘记这一点，但我们都知道，我们的生活是靠与其他人的人际关系来建立或毁坏的，一旦这些人际关系出了问题，多少财富、健康、名望或权力都弥补不了。但人际关系是好是坏，完全依赖于我们对其他人的理解能力，以及其他人对我们的理解能力。

多数人似乎相信，沟通就是倾听和观察别人的言谈举止而已；换言之，我们可以不言自明地通过别人给出的可见的信号，让它们传达出与此有关的正确图景，比如那些不可见的想法、感受、意图等。唉！其实这件事没这么简单。不妨一步一步地设想一下，假定一个人真心想把自己的想法传达给另一个人（且不考虑有意欺骗的情形），那他需要做到些什么。

第一，说话者必须准确地知道，他想传达的是什么样的想法。

第二，他必须找到可见的（包括可以听到的）手段——姿势、身体活动、言辞、语调等等——他认为这些手段足以将他的"内在"想法"外化"。这一步可以称为"第一次转化"。

第三，听者必须准确无误地接收这些可见的（以及可以通过其他方式感知的）手段，这不但意味着他一定得准确地听到对方的话，听懂对方使用的语言，还意味着他一定得准确地把握对方使用的非言辞手段（比如手势和语调）。

第四，听者必须以某种方式将他接收到的多种沟通手段合而为一，把它们变成思维。这一步可以称为"第二次转化"。

不难看出，在这个四步的过程中，有多少内容可能会被理解错，两次"转化"更是容易出错。由此我们可以断言，可靠和准确的交流是不存在的。哪怕说话者对自己想要传达的想法一清二楚，他对交流手段——手势、话语、语调的选择，在很大程度上也是因人而异的；哪怕听者听得清楚看得分明，他又如何能够肯定，他掌握了自己接收到的那些交流手段中的确切含义呢？这些疑问十分在理。如前所述，这一过程是相当费力和不可靠的，哪怕花费大量时间精力去制定定义、例外、限制条件、解释和免责条款也是一样。这让我们马上想起了法律文档和外交文件。我们可以将这个例子视为两台"计算机"的交流，其间的一切都被简化为纯粹的逻辑：非此一即彼。在这种交流中，笛卡儿的梦想变成了现实：除了严谨、明确和确定无疑的意思，没有别的东西。

不可思议的是，在现实生活中完美的交流仍然是有可能的，而且并不少见。这种交流并没有复杂的定义、限制条件或免责条款。人们甚至可以说："我不喜欢你的表达方式，但我同意你的意思。"这很值得我们注意。交流双方可能会有"思想交流"，对这种交汇而言，语言和手势不外乎是一种邀请的表示而已。言辞、手势、语调，这些有可能是两者之一（或者多少两者都是）——可以是计算机语言，也可以是让两位"计算机编程人员"来到一起的邀请。

如果我们与日常生活中身边的人无法实现真正的"思想交流"，我们的生活就会变得令人苦恼，形同灾难。要实现这一目标，我就必须了解身为"你"是何种感受，"你"也得了解我的感觉如何。我们双方在我称之为第二种认知领域里，都必须是可以了解的。因为我们知道，只有很少的知识能够毫不费力地让我们当中的多数人接受和理解，我们一定要问自己这样一个问题："我要怎么做，才能获得更好的认知，从而更加理解我身边的人心里的想法？"

值得注意的是，所有的传统教义对这个问题给出的都是同一个答案："你对其他存在的理解，其限度不会超出你对自己的理解限度。"自然，细致的观察和倾听也是必不可少的；重点在于，除非有准确无误的阐释和理解，否则完美的观察和倾听也无济于事，要做到正确理解，首先就要做到自知，能够正确理解自己的内在体验。用我们前面用过的话来说，就是必须要有契合，一项一项地契合，一点一点地契合。一个从未在意识上体验过肉体痛楚的人，是不可能明白他人的痛苦的。他当然能像任何人一样，注意到吵闹声、动作、落泪等等这些痛苦的外在表征，但他完全无法正确理解它们。他无疑会试着做出某种解释，他也许会觉得它们好笑、吓人或者干脆难以理解。其他存在的"不可见内容"——在这个例子中则是其内心的痛苦感受——对他来说，是无从看到的。

充满人生的内在体验的巨大广度，我就留给读者自行探索了。正如我在前文强调过的，它们都是不可见的、靠外部观察难以触及的。肉体痛楚的例子很适合拿来说明问题，因为这种痛楚没有什么微妙可言。没有谁会怀疑痛楚的真实性，这一认识——公认为真实的这件事，人类存在的诸多"棘手现实"之一，却依然是我们的外部感官所无法感知的。这或许会令人感到震惊，如果只有能被我们的外部感官感知的事物才被认为是真实、"客观"、为科学所承认的，那么痛觉就会被斥为虚幻、"主观"、非科学的。而我们的其他心理活动也是一样，如爱恨、悲喜、希望、恐惧、痛苦等等。如果所有这些内在的作用力或内心活动都不是真实的，就没必要拿它们当回事了；可是如果我不拿它们当回事，我又怎么能拿它们当真，又怎么能拿别人的心理活动当回事呢？这样假设的确容易得多：其他存在，包括其他人并不像我们那样，能感觉到痛苦，也没有像我们那样复杂、微妙和脆弱的内在生命；千百年来，人对他人的痛苦表现得无动于衷，麻木不仁。而且正因为（正如 J. G. 贝内特先生敏锐地观察到的那样）[2]我们倾向于首先从我们的意图来看待自己，而这些意图是他人无法看到的，同时我们又首先从别人的行动来看待他人，这些行动是我们能够看到的，所以我们容易处在误解和不公随处可见的境地。

这一处境无可逃避，除非通过对第一种认知领域勤奋而系统的教化，让我们掌握第二种认知领域，亦即其他存在的内在体验的教化所需的洞见。

要拿邻人的内在生命当回事，就必然要拿我本人的内在生命当回事。可这又是什么意思呢？这意味着，我必须将自己置于这样一种情境之下，好让我真正看清所发生的事，并且开始理解自己所观察到的情况。在当代，人们对人是社会化的存在，以及"没有人是一座孤岛"（约翰·多恩语，1572—1631）这一点，并不缺乏认识。因此人应当爱邻如己，或者至少不要恶待邻人，要做到宽容、同情和理解，这样的劝勉并不少见。但与此同时，自我认知的启示遭到了彻底的忽略，只在充当刻意压抑的对象时，才会被人想起来。你若不爱自己，就不可能爱邻人；你若不理解自己，就不可能理解邻人；除非以自我认知为基础，否则就不可能认清"看不见的"邻人。这些基本的事实，就连不少国教的专业人士也会忘记。

因此，劝勉不会有任何效果；对邻人的真正理解，被矫情所取代，当然，当个人利益受到威胁，萌生出恐惧时，这份矫情也就变得支离破碎了。认知被臆断、陈腐的理论和幻想所取代。从最粗鲁低劣、号称能够"解释"他人——从来不是我们自己！——的行为和动机的心理学和经济学学说大行其道，就可以看出，当前人们在第二种认知领域的无能为力，带来了什么样的灾难性后果，而这种后果反过来又是现代人拒绝认真看待自我认知领域的直接原因。

任何人只要公然展开一段"内在的旅程"，摆脱日常生活的无尽焦虑，进行获得真正的自我认知必不可少的某种修行，比如四念处、瑜伽、耶稣祷文或类似的方法时，都会遭到这样的指责：自私自利、罔顾自己的社会责任。与此同时，世界危机成倍增长，人人都哀叹"明智的"男人和女人、无私的领袖、可靠的顾问等太少了，或者干脆就没有。期待那些没有做过任何内在的工作，并且根本不理解这话意味着什么的人会有这样高的素质，这很难说是合理的。他们会以正派、守法的人和好公民自居，或许还会以"人道主义者""信徒"自居。他们各自的美好梦想几乎没有什么差别。他们就像自动钢琴一样，弹奏着机械的音乐；就像计算机一样，执行着预先编排的程序。而编程人员处于沉睡之中。当代"程序"的一个重要部分，就是将宗教斥为廉价的说教、过时的繁文缛节的教条主义，因而拒绝那种力量——也许那是唯一能唤醒我们，将我们提升到真正成其为人的层次的力量，这种力量还会在必要时为我们赋予帮助他人的能力。真正成其为人的层次，是自我意识、自我控制、自我认知的层次，也是从而真正认识和理解他人的层次。

人们常说：一切都是沟通的问题。当然是。但如前所述，沟通暗示着两项"转化"，也就是从思维到手段的转化和从手段到思维的转化。沟通手段不像数学公式那样容易理解，它们必须通过对方的内心加以体验。意识不能对它们做出恰当的处理，只有自我意识能做到。比如一个

手势，不能被理智的头脑所理解；我们必须用内心，用
我们的身体，而不是用脑来体会它的含义。有时，理解
另一个人的情绪或感受的唯一方法，就是模仿他的姿态、
手势和面部表情。"内在－不可见"和"外在－可见"之间，
有种奇特而神秘的联系。威廉·詹姆斯对情感的身体表
达感兴趣，提出了这样一种理论，称我们感受到的情绪
不是别的，正是对某些身体变化的感受。

> 常识表明，我们失去钱财时，会悲伤难过；遇见熊
> 时，会恐惧逃走；遭到对手侮辱时，会愤怒出击。
> 我要提出的假说是，这种因果关系是错误的……更
> 合理的说法是：我们感到难过是因为我们哭泣，感
> 到愤怒是因为我们出击，感到恐惧是因为我们颤抖，
> 而不是我们因为难过、愤怒或恐惧，所以才哭泣、
> 出击或颤抖。或许这样才对。[3]

这种假说，尽管其原创性或许要胜过其真正的价值，却
突出表明了内在感受和身体表达之间的密切关联；它指
明了架在可见与不可见之间的一道神秘的桥梁，并且认

为身体是获取认知的一种手段。我并不怀疑，婴儿正是通过模仿母亲的姿势和面部动作，来理解母亲的好多情绪，进而发现这些身体表达是与何种感受联系在一起的。

正是出于这些原因，所有为获得自知（第一种领域）而设计的方法，都对身体姿势和手势给予了大量关注，因为对身体的掌控至少意味着对思维能力的初步掌控。无法控制的躯体的焦虑不安，不可避免地会造成无法控制的思想的焦虑不安，这一状况会彻底妨碍人对自己的内心世界进行严肃的研究。

四种认知领域：

第三种领域——认识他人眼中的我

外部思考是卓有成效的

追求自知,其中没有巨大的危险吗?确实有,这在前文
也说过。我们由此想到了第三种认知领域:对我本人的
内心世界(第一种领域)和其他存在的内心世界(第二
种领域)的系统研究,必须要靠将我作为客观现象的、
同样系统化的研究来平衡和补充。健全的自我认知,一
定要包含两个部分,即了解我自己的内心世界(第一种
领域)和了解别人对我的认识(第三种领域)。少了后者,
单有前者,可能会造成最荒唐、最具破坏性的错觉。

我们能够直接接触到第一种领域，但无法直接接触到第三种领域，因此对我们来说，我们的意图显得比我们的行动真实得多，而这可能引起别人的重大误解，因为对别人来说，我们的行为比意图更真实。如果我仅从第一种领域，从我的内在体验中获取我的"自我形象"，难免会把自己看成是"宇宙的中心"，好像一切都围着我转：当我闭上眼睛时，世界就会消失；当我遇到痛苦，世界就会变成泪谷；我开心时，世界就会变成喜乐的花园。有些与人为善、温文尔雅的哲学家提出过这样的问题：在没有人看的时候，树还在不在？他们迷失在第一种领域里，没能抵达第三种领域。

在完全不以人的意志为转移的第三种领域，需要不掺杂任何意愿的客观观察。我真正观察到的是什么？或者更确切地说，如果我能像别人那样看到我自己，我看到的自己会是什么样？这是一项很难完成的任务。做不到这一点，就不可能与他人建立和谐的关系；如果我意识不到自己给别人带来的影响，"己所不欲，勿施于人"的禁令就没有什么意义。

我读过这样一个故事：有个人死了，来到了下一个世界，遇见很多人，其中有些是他认识和喜欢的，有些是他认识和厌恶的。但还有一个人是他不认识，也无法忍受的。那人所说的一切都让他抓狂和反感——他的举止气度、他的习惯、他的懒惰、他说话时那种虚伪的方式、他的面部表情等等。他还觉得自己能够看透那人的想法、感受和所有的秘密，甚至还能看透他的全部生活。他问别人，这个有悖常情的人是谁？他们回答说："那是我们这儿的镜子，它很特别，跟你那个世界的镜子不一样。这个人就是你自己。"再让我们假设一下，你一定得跟一个人生活在一起，而那个人就是你，会怎么样呢？或许这正是别人非做不可的。当然，如果不做自我反省，你也许会这样想：如果人人都像我一样该多好，这个世界会变成一个乐园。自大和自欺是没有下限的。你在把自己放到别人的位置上时，请把自己也放到他的视野，你会看到他是如何看待你，听取你，对你的日常行为抱有何种观感。你会透过他的眼睛看到你自己。[1]

在第三种领域获得认知意味着什么？上面这个故事给出了十分生动准确的描述，它还清晰地说明，第一种领域的认知与第三种领域的认知是截然不同的，以及只有前者，没有后者的话，可能会有不良后果。

对于自己的外表看起来是什么样，自己的话听起来是什么样，自己给别人留下的印象是什么样，人人都怀有十分自然的好奇。但故事里那面特别的镜子在这个世界上并不存在，或许这是一桩幸事。镜子给我们带来的震撼，或许超过了我们的承受程度。意识到自己当真有很多错处，总是一件痛苦的事，而我们有许多机制保护自己，让自己认识不到这一点。因此，我们自然而然的好奇，并不会给我们在第三种领域带来太多的认识，而且我们太容易把注意力转向研究其他人的错误，而不是自己的错误。尼科尔博士用福音书里的话提醒我们："为什么看见你弟兄眼中有刺，却不想自己眼中有梁木呢？"他指出：

在希腊文中，用在"刺"这个词的原文很简单，就是

"看见"。要做到这一点很容易。但用在"自己眼中的梁木"上的词很有意思，它的意思是"注意到""发现""得知""了解到一项事实""认识到""观察到""理解"。显然这要比发现别人眼中的刺难得多。调转视角绝非易事。[2]

那我们要如何完成这一任务呢？它对我们与他人的和谐生活又有多么重要？办法在传统宗教著作中已经阐明，不过文字相当零碎。也许在这个领域，最有帮助的指引可以在莫里斯·尼科尔所著的《葛吉夫和邬斯宾斯基教学心理学评论集》中找到，我已经从这本书中援引过数次了。他采用的说法是"外部思考"，或者设身处地。这需要高度的内心诚实和内心自由，不是一朝一夕就能学会的，只有良好的意愿，没有长久的努力，是不可能成功的。

需要什么样的努力呢？这种方法离不开自我意识。要设身处地，就必须抽离自身的处境。只有意识，做不成这件事——意识会确定我还处在自己的处境里。计算机除了显示预先设定的程序，什么也做不了。只有计算机编程人员才能促成真正的改变，比如"设身处地"。换言之，所需要的能力不光是意识，不光需要我所说让存在成其为动物的"y要素"，也需要"z要素"自我意识，这一要素能让动物成其为人。正如尼科尔博士所说："外部思考是卓有成效的。这种方法无关你和他人孰是孰非。它能促进意识的效果。"[3] 我应该再补充一下："使之达到自我意识的层次。"

我们对自己了解得最少的一点，就是我们的"摇摆不定"。其他人会注意到我们如何自相矛盾，但我们自己注意不到。而在第三种领域的认知会帮助我们像旁人一样看清我们自己，从而看出我们的矛盾之处。稍后我们会看到，这是一个至关重要的问题。明摆着的矛盾未必就是错误的体现，它们很可能是真理的体现。对立无处不在，我们发现，很难将对立的两者同时保留在我们的头脑里。其他人可以轻易看到我们举棋不定，左右彷徨，正如我可以轻易看到别人这样做。但充分意识到我摇摆不定，意识到我的看法从一侧转到另一侧，正是我在第

三种领域中要完成的任务；我的任务不光是要发现变化，
还要不加评判地观察它，不去判断个中的对与错。在第
三种领域的这项任务，重点就在于不做评判的自我观察，
这样我们才可以获得冷静客观的图景，看清正在发生的
事情，而不是被我们当下的是非之见所修正的图景。

研究第三种领域的方法之一就是"照相"，就是趁有事发
生，而我们又没有意识到自身状态时，捕捉自己的真实
状态。尼科尔博士是这样说的：

> 如果你通过长期的自我观察，给自己照了一本相册
> 的好照片，那你不必怎么费神，就会从你自己身上
> 看出，你反感别人的那些地方，在你身上同样存在，
> 这时你就能设身处地地站在别人的角度看待自己了，
> 你就能意识到，你从自己身上发现的这些问题，他
> 也有同样的感受，他心里也有他自己的难题，就像
> 你一样，等等……

> 越是少一些妄自尊大，你就越善于从外部进行思考，

你就会越发觉得自己没有那么重要。[4]

在第一种领域（必不可少的）研究可能会提高人的自负感，而第三种领域的平衡性研究则会让人领悟自己的渺小。我在这个无比广大的宇宙中算得了什么呢？我只是小小地球表面的数十亿只蝼蚁之一而已！但帕斯卡说："人只不过是一根芦苇，是自然界最脆弱的东西，但他是一根能思想的芦苇。"就是说，是一根有自我意识的芦苇，而且无比珍贵，尽管他的自我意识在多数时间里都处于休眠状态，只是一种潜能。

我们在第三种领域获得认知的最大帮助源于这一事实：我们是社会化的存在；我们并非独自生活，而是与他人生活在一起。他人犹如镜子，我们可以从中看到自己的真实面貌，而不是我们自我设想的面貌。因此，我们借以获得这种认知的最佳方法，就是观察和理解他人的需要、困惑和难处，做到设身处地。有朝一日，我们也许能达到这样的境界——我们的小小"自我"，连同我们的需要、困惑和难处，都不会进入画面。而要像这样完全排除自我，意味着完全客观、完全行之有效。

基督徒被告知要"爱人如己"。这话是什么意思呢？当一个人爱自己时，施爱者与被爱者都是他，两者之间没有任何隔阂。但当他爱邻人时，他那小小的自我往往会拦在中间。因此爱人如己，就意味着去爱，不要让自我介入其中；就意味着达到无私的完美境界，将自私自利之心全面消除。

正如同情心是在第二种认知领域学习的先决条件一样，无私也是在第三种领域学习的先决条件。

之前我们提到过，这两种领域并不是我们的观察所能够"直接接触到的"。只有借助同情和无私这两种最崇高的道德品质，我们才能进入这两种领域。

章九

四种认知领域：

第四种领域——认识这个世界

国度、权柄和荣耀归于谁

下面我们来思考第四种认知领域，即周遭世界的"外表"。我所说的"外表"，指的是它向我们的感官呈现出的一切。在第四种认知领域，决定性问题始终是"我真正观察到了什么"，并且要依靠消除根据起因做出的但无法通过感官观察验证的假定、设想和预测等方式来获得进展。因此，第四种领域是各种行为主义的真正领地：只有能够被严密观察到的行为，才是值得注意的。所有科学都在这个领域里忙碌着，许多人相信，这里是可以获得真正认知的唯一领域。

作为例证，我们不妨引用维尔弗雷多·帕累托（1848—1923）的话，他的《心灵与社会》获得了这样的好评：在"不带感情色彩的客观思考……通过这些方法，可以培养理性心态……"方面取得的"最伟大、最杰出的成就"[1]。帕累托和不计其数的其他人一样，坚持认为只有在我所说的"第四种领域"里，才会有"科学的方法"。

> 因此，我们活动的领域，就是我们进行严格的体验和观察的领域。我们使用这些词，是在天文学、化学、生理学等自然科学的层面上使用的，而不是在那些时兴用"内在"或"基督徒的"体验来定义的其他事情上使用的……[2]

换言之，帕累托希望将自己的基础仅仅建立在"体验和观察"上，他将这两个词的含义限定为：外部感官通过器具辅助，依靠理论指引所感知到的，并且能够确证的事实。这样，他就排除了所有的内在体验，比如爱憎、希望和恐惧、欢乐与痛苦，甚至痛觉。他认为这是唯一理性的方法，是真正获得成功的诀窍。

> 这一点很容易理解：何以迄今为止的科学史，本质
> 上就是与内省、语源学、口头表达分析等方法交战
> 的历史……在我们的时代，后一种方法已经在很大
> 程度上被人从物理学中驱逐出去了，他们所取得的
> 进展，正是这一驱逐的成果。但它仍然在政治经济
> 学中昂首阔步，更是在社会学中招摇过市；而这些
> 学科想要取得进展，就有必要效法物理学树立的榜
> 样。[3]

由此可以清楚地看出，帕累托不愿或不能区分不同的存
在层次。将"内在的"认知从无生命的物质界驱逐出去
是一回事，因为我们知道，在这一层次没有内在生命，
徒有"外表"。而在最高的存在层次，将内在的认知从对
人性和人类行为的研究中驱逐出去，又是另外一回事，
在这一层次，外表与内在体验相比，根本无足轻重。

在第二种认知领域——对其他存在的内在体验里，我们
发现，我们对高等领域了解得最多，对无生命物质了解
得最少。而在我们眼下思考的第四种认知领域里，情况

刚好相反：我们对无生命物质了解得最多，对人了解得
最少。

帕累托不承认存在层次的差别，在他看来，"政治经济学
或社会学的规律，与其他学科的规律毫无二致"。他可以
说是这类思想家的典型：他们拒绝承认存在层次的层级
结构，因此看不出一块石头和一个人在"复杂性"以外
还有哪些差别。

> 的确存在着差异……主要在于复杂性的强弱程度不
> 同，从而影响到了各种相关规律的作用效果……

> 科学规律上的另一个差别，在于能否通过实验将它
> 们的影响单独分离出来……某些学科……可以广泛地
> 运用实验；另一些学科，只能少量地运用实验；而
> 其他学科，比如社会科学，能够采用实验手段的，
> 也是少之又少。[4]

的确，就无生命物质而言，只要我们乐意，就可以做实

验。什么样的干预都不会危及它的生命，因为无生命物
质本就没有生命；也不会扭曲其内在体验，因为它本就
没有内在体验。

只有在不伤害研究对象的前提下，实验才是有效、正当
的研究方法。无生命物质不会受到伤害，它只会被转化。
相反，当生命、意识和自我意识这三种内部固有的自由
要素被假定为不存在时，它们就很容易受到伤害，损害
几乎在所难免。

对实验方法有所影响的，不光是高级存在层次的复杂性，
更重要的是这一事实：能够完全支配无生命物质的因果
关系，在更高的层次则屈居于从属地位；它不再发挥支
配作用，而是被更高级的能力所运用，这种运用的意图，
不是在物理和化学的层次所能明了的。

一旦忽略了这一点，人们就会试图将所有的学科都放进
物理学的模子里，这样做的确能取得某种"进展"，也的
确能积累某种知识，但这种知识很可能会成为隔绝理解

的藩篱，甚至成为理解力难以摆脱的某种诅咒。倘若让低等取代了高等，就好比在研究一部伟大的艺术作品时，仅仅研究组成这部作品的种种物质成分一样。

物理学、化学、天文学被公认为是最成熟的学科，也是最成功的学科。生命科学、社会科学和所谓人文学科，被认为成熟程度不高，因为它们被无穷大的不确定性所包围。如果可以使用"成熟"一词，那我们可以说，研究对象越是成熟，对它进行研究的学科就越不成熟。人当然要比一块无机物成熟得多。对于后者，我们所获得的确凿认识要比对前者的认识多得多，这并不令人惊讶，只要我们还记得：

如果物质可以写成 m，那么人就得写成 m+x+y+z。

物理学只跟"m"打交道，如前所述，它在这样做的时候采取的是十分严格的方式。它的研究计划是能够完成的，正如力学的研究据说已经完成了一样，也许这样就可以称作是"成熟"。当然，对"x""y""z"的研究永远也无法完成。

如果仔细考察一下第四种领域的不同学科究竟是怎么回事，我们就会发现，它们大致可以被划分成两类：一类基本上是描述性的，描述的是所见所感；另一类基本上是指示性的，指明怎样通过某些系统的工作取得可以预测的成果。对于前者，我们或许可以举植物学为例；对于后者，我们或许可以举化学为例。人们很少谈及这两类学科的区别，结果就是科学哲学大多只与指示性学科有关，仿佛描述性学科根本就不存在。人们常说，"描述性的"和"指示性的"差别只是学科发展的成熟程度不同，或者是学科的发展阶段不同，其实并非如此。F. S. C. 诺思罗普说："任何经验主义的学科，其正常、健康的发展，始于纯归纳性的强调……后来随着用推论方式演绎出理论，步入成熟。在这样的理论中，刻板的逻辑和数学扮演着最重要的角色。"[5]这话在"指示性的"学科里，是正确无误的；诺思罗普选取的例子是几何学和物理学，它们都是完美的指示性学科；但对植物学、动物学、地理学等描述性学科而言就不成立了，历史学更是如此。

无论描述性学科是跟自然界还是跟人打交道，这话都是不成立的。

描述性学科与指示性学科之间的区别，类似于我们在前面章节谈过的"理解的科学"与"操纵的科学"之间的区别，但又有所不同。忠实的描述所回答的是这样的问题："我真正遇到的是什么？"有效的指示所回答的是截然不同的问题，即"要获得某种结果，我得怎么做？"当然，描述性学科和指示性学科都不只是对自然界呈现的事实的累积，两种学科的事实都经过了"提炼"和"理念化"，从中总结出了概念，提出了定理。不过统辖掌管忠实描述的，是这样一种理念："我必须留神，别遗漏任何重要之处"，而指示越是严格地排除所有非必要因素，就越有成效。人们所说的"奥卡姆剃刀"原理，就是从获取结果的角度出发，剔除一切多余的内容。因此，我们可以说，描述性学科首要考虑的是整体的真实，而指示性学科首要考虑的是有操纵利用价值的部分或方面。我用"首要"这个词来讲这两类学科，是因为这项区别并不是绝对的，也不可能是绝对的。

指示要想取得成效，就要做到精确、清楚、不容置疑、不容置辩。"取少量温度适宜的温水"这一指示还不够好。倘若是烹饪指示倒还好，但如果是科学指示就不行了。我们必须精确地知道水的量和温度，一定不能留下"主观"解释的空间。因此，在理想情况下，指示性科学是彻底量化的，而质（比如红色这种色彩）有可能在其中发挥一定作用，但前提是这些质能跟某种可以用量来定义的现象（比如特定频率的光波）"发生关联"。这意味着，优先得到考虑的，还是逻辑和数学。

在这种优先考虑的过程中，人们发现，物理现象中有种奇异而美妙的数学秩序，这一发现让某些最有思想的当代物理学家摆脱了支配 19 世纪科学的机械唯物主义，让他们意识到了一种超验的真实。哪怕他们仍然不能接受将"国度、权柄和荣耀"归于上帝的传统宗教，也不得不承认在世界的构建和管理中存在着极高的数学天赋。因此，自然科学和宗教之间贻害无穷的裂痕，由此开始弥合，这一变化十分重要。一些最超前的现代物理学家会同意勒内·盖农的这一说法："整个自然界无非是超验真实的象征而已。"[6]

如果说，有些物理学家如今认为上帝是一位伟大的数学家，那么这一点恰恰反映出："指示性学科"只跟自然界了无生气的一面打交道。数学与生命毕竟相隔甚远。在数学的极高境界，它无疑展现了一种平实的美，以及一种迷人的优雅，这些可以被视为真理的标志；但同样可以确定的是，它没有温度，没有生命的这些凌乱——成长和衰朽、希望和绝望、欢乐与痛苦。绝不能忽视和忘记的是：物理等指示性科学，将自身局限于现实了无生气的一面；如果学科的目标旨在取得可以预测的成果，就非此不可。生命，甚至意识和自我意识，是不能用指令来安排的；我们可以说，它们有自己的意志，这正是成熟的标志。

说到这里，我们需要明白并写在我们的"知识地图"上的一点是：如果说所谓哲学，就是对"人生"是怎么回事给予我们指点的话，那么物理学和其他指示性科学，由于仅仅以自然界了无生气的一面为基础，所以它们并不通往哲学。19 世纪物理学告诉我们，生命是宇宙的一场意外，没有意义或目的。20 世纪最优秀的物理学家又把这话全盘收回，他们告诉我们，他们只研究特定、严格孤立的体系，阐明这些体系运作或能促使其运作的原理，从这门知识里绝对得不出（也不应得出）笼统的哲学结论。

尽管指示性学科与指引人生无关，但它们却通过它们创造的技术，塑造着我们的生活。至于所取得的种种结果是好是坏，就不在它们的考虑范围之内了。在这层意义上，可以说这些学科在伦理上是中立的。但不存在没有科学家的科学，而好与坏的问题尽管不在科学的考虑范围之内，却不能认为它们也不在科学家的考虑范围之内。如今人们说起（指示性）科学的危机，并非危言耸听。如果科学今后仍将是超出人力掌控的世界主宰力量，人们会有抵制和反感的反应，不排除会有反应过激的可能。

因为指示性科学并不考虑全部真理，而只关注能够获得成果的那些部分或方面，所以，可以说，应该只根据它们取得的成果，来评判它们的是非功过。

科学的威望是以这一说法为基础的——"科学"揭示"真理"，即确凿、不可动摇、可靠、经过"科学验证"的知识，这种非凡的能力为科学赋予了比人类其他活动更高的地位。然而，对于这一说法，还需要慎重分析。什么是验证？我们可以提出诸多不同的理论：它们当中会有"验证属实"的吗？比如"验证"一份菜谱，或者其他具有这种形式的指示，是有可能的，"如果你做了 x，你就会得到 y"。如果这份指示不起作用，那它就没有用处；如果它起作用了，它就得到了"验证"。实用主义这种哲学提出，检验真理的唯一有效依据，就是它管用。实用主义者提出："这样说是不合理的：'如果某个想法是真实的，它就管用'；你应该说：'如果某个想法管用，它就是真实的'。"但最纯粹的实用主义并非屡试不爽，它有其相对贫乏的一面：单独来看，或许各种指示都是管用的；但除非我知道让某个体系运作的原理或"规律"，否则我扩展指示性知识范围的可能性还是很小。因此验证的观念，还有真实的观念，在指示性科学中具有双重意味；指示必须管用，也就是说，必须能取得可以预测的成果，它必须是能用既定科学原理表达清楚的。无法以这种方式表达清楚的现象，对指示性科学来说，是没有用处的，因此也是指示性科学并不在意的。指示性科学忽视它们，是出于方法论方面的需要。这样的现象一定不能让人对既定的科学原理产生怀疑，如果让人对其产生怀疑，就没有实用主义的价值了。正如我在前文强调过的，指示性科学并不关心全部的真理，而只在意让它们的指示行之有效和可靠的极少数真理。由此可知，指示性科学的验证也有着同样的局限：它能够确定一套特定的指示管用，能够确定使其管用的潜在科学原理足够真实；但它不能确定其他指示不会同样管用，或者一套截然不同的科学原理就不能同样满足其需要，让它管用。众所周知的是，在哥白尼之前，计算太阳系内部运动方法的理论基础是太阳绕着地球转。甚至在很长一段时间里，用这种方法得出的计算结果，都要比哥白尼之后所采用的计算方法得出的结果准确得多。

描述性科学的验证，其性质是怎样的呢？答案不可避免地就是：会有分类、观察到的规律性、推测、可信度各不相同的种种原理——但永远都无法验证。科学验证只能存在于指示性学科里，存在于前面所说的种种局限里，因为只有我们亲自动手动脑，能够亲自操作的事，才能被验证。我们的头脑能够进行几何学、数学和逻辑学的操作，所以我们才能发出管用的指示，所以才能进行验证。同样，我们可以亲手实现许多与物质有关的进程，因此我们能够就如何获得可以预料的成果发布指示——管用的指示——从而进行验证。不能按照指示的基础进行"操作"，就不可能进行验证。

指示性科学不可能跟实用主义过不去；相反，这正是实用主义所属的领域，它在"知识地图"上的恰当位置就在这里。指示性科学也不可能与真理观的限制过不去：真理一定得是可以理解的现象，或是具有启发性的理论。这就意味着，不可理解的现象，以及已被证实"得不出成果"并且无法拓展指示性知识的理论，就不用考虑了。这些就是只要严格遵守就能促成"进步"的、方法论上的必要条件，这里所说的进步，换种说法就是提升人运用自然界的过程，服务于其自身目的的能力。

但指示性学科在方法论上的要求，一旦被当成科学方法本身，会引出无穷的祸患。运用到描述性学科上，会得出一套错误的方法。实用主义的限制、启发式原理或"奥卡姆剃刀"原理，与"如实描述"无法和谐并存。（稍后我们思考进化论学说时，再进一步强调这一点的重要性。）

物理学和相关指示性学科涉及的是无生命物质，据我所知，它们是完全没有生命、意识和自我意识的。在这个存在层次，没有别的，只有与"内在体验"截然不同的外表，我们所关心的全部就是可以观察到的事实。自然，除了事实，也不可能有别的，当我们说"事实"时，我们指的是它们能被观察者注意到。没有得到承认的事实和难以辨别的事实（后者更甚），不能也绝不能在物理学理论中扮演任何角色。因此在这个层次，很难在"我们能够认识的"和"实际存在的"之间，亦即在认识论和本体论之间分出差别来。当现代物理学家说"在我们的

实验中，我们迟早会遇到我们自己"时，他只是在陈述
显而易见的事，意思是实验的结果即便不是完全取决于，
也是在很大程度上取决于物理学家通过实验安排提出的
问题。这一点没有神秘可言，如果得出观察者和被观察
对象之间的差别消失了这样的结论，那将是大错特错。
哲学家将这个问题十分简单地表述为：所有知识都是这
样获得的——与认知者的认知能力相一致。

认识论和本体论之间的区别，或者说"我们能够认识的"
和"实际存在的"之间的区别，只有在我们循着存在之
链向上走的时候，才会变得明显。就以生命现象为例吧。
我们可以认识到生命这一事实，这一认识让人断定："所
有有生命的事物都存在着一种固有的要素——难以捉摸、
无比珍贵、无法衡量——就是它激活了生命。"[7] 于是人
们谈起了"活力"。但这一常识性观点得不到指示性科学
的承认。科学哲学家欧内斯特·纳格尔在 1951 年，通过
断言活力论是个已经终结的问题，敲响了"活力论的丧
钟"。"因为活力论作为生物学研究的指导方针毫无建树，
并且其他方法有更高的探索价值。"[8]

有趣且重要的一点是，这个反对活力论的论点没有考虑活力论的真实与否，而是考虑了活力论的毫无建树。将这两者混为一谈，是颇为常见的错误，也带来了巨大危害。"丰富多产"（fertility）这种方法性的原则，作为方法性原则本身是十分合理的，但其取代了真实观，扩展成了一种普适的哲学。正如卡尔·施特恩所说："方法变成了心态。"[9] 某一命题如果被认为是不真实的，并不是因为它不符合经验，而是因为它不能指引研究方向，没有启发性的价值；相反，某一理论不管在一般情况下有多么不合理，只要它有"较高的启发性价值"，就被认为是真实的。

描述性学科的任务是描述。从事这些学科的学者明白，世界充满了令人惊奇的事物，它们让人的设计、理论和其他产物相形见绌，显得像是小孩子的玩意儿。这让他们当中的许多人有了一种科学的谦卑态度。吸引他们从事那些学科的，并非笛卡儿式的，让他们本人成为"大自然的主宰和拥有者"的思想。[10] 但忠实的描述不仅必须要做到准确，还要能够为人所领会，不断堆砌事实是难以让人领会的，所以难免要有分类、归纳、解释——换言之，需要有一些理论提示，表明种种事实可能是如何"联系在一起的"。这样的理论永远也无法以"科学验证"的方式证明真伪。在描述性科学中，一种理论越是容易理解，对于这种理论的接受，就越是一种"相信"。

在描述性科学里，容易理解的理论可以分为两类：一类理论从它们描述的事物中可以看出智慧或意图在起作用，一类只看到了偶然和必然性。显然，不论是前者还是后者，都不能被"看到"，亦即被人用感官体验到。在第四种认知领域，能够观察到的只有动态和其他种类的物质变化；意义或目的，智慧或偶然，自由或必然，以及生命、意识和自我意识，都是无法用感官观察到的。能被发现和观察到的，只有"迹象"；观察者必须选择，他愿意将这些迹象归入哪一种重要性等级。将它们解释为偶然性和必然性，与将它们解释为比人高超的智慧，两种表现同样是"不科学的"；两者都是同样的"相信"而已。这并不意味着，所有的解释在纵向维度上，在重要性等级或存在层次上，都是同样真实或虚假。它仅仅意味着，它们的真伪并不是以科学检验为基础，而是以正确的判断为基础，人类的这种思维能力超越了单纯的逻辑，正如计算机编程人员的思考超越了计算机的思考一样。

进化论科学吗

在我们思考也许是当今最具影响力的学说——进化论时，就会发现，我们在此讨论的区别，在世界史上具有重要意义。这一学说显然不宜纳入指示性科学的分类，它属于描述性科学。所以问题就是："进化论是描述什么的？"

"生物学中的进化，"朱利安·赫胥黎说，"是个宽泛、容易理解的词，用以涵盖各个动植物种类在形成过程中的所有变化……"[11] 动植物种类的形成在过去经历过变化，这一点从地壳中的化石中得到了充分的证实。在利用放射性物质测定年代这一方法的帮助下，人们将它们排列出了先后发展顺序，这一顺序的科学可信性极高。出于这一原因和其他种种原因，进化作为生物演进这一描述性科学内部的一种归纳方式，可以看作是不容置疑的既成事实。

但进化论就是另一回事了。进化论并不满足于将自己限定为对生物演进的系统化描述，而是声称要用指示性科学中的证明和解释方式，来证明和解释这种演进。这是带来最大恶果的理念性错误。

我们被告知，"达尔文做了两件事：他表明，进化与《圣经》的创世传说其实是矛盾的；进化的原因，自然选择，是自动进行的，没有为神的指引或设计留下余地"。[12] 任何能进行哲学思考的人都应该看到，科学观察永远也做不到这"两件事"。"创世"、"神的指引"和"神的设计"完全在科学观察的范围之外，它们的不存在同样在科学的观察范围之外。每个饲养动物或植物的人都确定不疑：选择，包括"自然选择"，会促成变化，因此这样说在科学层面上才是正确的："自然选择已经被证实为进化演进的手段"——实际上，我们可以通过操作来证实这一点。但声称自然选择这一机制的发现，证明进化的原因"是自动进行的，没有为神的指引或设计留下余地"，就毫无道理了。人可以在街上捡到钱，这一点是可以证明的；但没有人会认为，仅凭这一点就可以推断出所有的收入都是这样赚来的。

进化论的总体阐述方式背叛并违反了全部的科学求真务实原则。它先是从生物的演化开始解释，却毫无预警地陡然宣称，不但要解释意识、自我意识、语言和社会制度的发展，还要解释生命本身的起源。想象和推测失去了控制，什么事都可以拿来解释一切。我们被告知，"进化被所有生物学家所接受，自然选择被认可为进化的原因……"因为生命的起源被说成是"进化的一大步"[13]，所以进化论让我们相信，无生命物质是自然选择的杰出实践家。对进化论来说，任何可能性，无论其多么杳渺，都可以当成确实发生过的事情，予以全盘接受。

对氢气、水蒸气、氨气和甲烷组成的大气样本进行通电和紫外线照射时，大量有机化合物自动合成。由此证明，复杂化合物的前生物（pre-biological）合成是有可能的。[14]

以此为基础，进化论期待我们相信，生物是因为纯粹的机缘巧合，偶然出现的，出现之后，还能在一片混乱中继续存活下去。

这样想不无道理：生命发源于一片由前生物的有机化合物组成的液态"汤汁"，后来活生生的有机生物出现了，它们通过使用薄膜包裹这类数量庞大的化合物，形成了"细胞"。通常认为，这就是有机物的（"达尔文式的"）进化起点。[15]

人们能看到有机化合物聚集在一起，用薄膜将自己包裹起来（对这些聪明的化合物来说，没有比这更简单的事情了）。看哪！细胞出现了，一旦细胞诞生了，就没有什么能够阻止莎士比亚出现了，只是当然得花费一点儿时间而已。因此没有必要谈论什么奇迹——或者承认自己缺乏知识。这真是当代的一大悖论，拥有"科学家"这一光荣头衔的人，竟敢将这样不合规矩、疏忽大意的推论，作为对科学知识的贡献——没有人追究他们的责任！

已故的精神病学家卡尔·施特恩博士见识不凡，他曾这样说过：

> 如果我们有根有据、用最科学的方式表述进化理论，我们得这样说："在某个时间，地球的温度变得最适合碳原子、氧和氮氢化合物聚集，从随机出现的大群分子中，出现了最适合生命的结构，然后经过了漫长的岁月，直到通过自然选择的过程，终于出现了一种存在，他能够在爱与恨中选择爱，在公正与不公中选择公正，像但丁一样写诗，像莫扎特一样作曲，像达·芬奇一样画画。"当然，这样一种演化论是疯狂的。我说的疯狂，并不是污言秽语的咒骂，而是指精神病学层面上的疯狂。真的，这样的看法与精神分裂症患者的思维，在某些方面存在着不少共同之处。[16]

但事实仍然是，这种思维不但作为客观的科学，传给了生物学家，还传给了每个想要弄清生命起源真相、弄清人生在世的意义和目的的人。尤其是，人们还把前面说的那些话，灌输给了世界各地的孩子们。[17]

科学的任务是观察，根据观察结果形成报告。对科学来说，假定完全不可能直接观察到的"造物主"、"智慧者"或"设计师"等起因性的媒介存在，是徒劳无益之举。"让我们看看，用可以观察得到的原因，能在多大程度上解释清楚现象"是一条非常合理，实际上也富有成效的方法论准则。但进化论把方法变成了一种信念，借由假设，排除了所有更高的重要性等级存在的可能性。整个自然界，显然包括人类在内，只被视为偶然和必然性的产物，其中既没有意义，也没有目的，更没有智慧——"就像一个白痴讲的故事，没有任何意义"。这就是"信念"，一切有悖这一信念的观察，要么被忽略，要么就被解释成了支持"信念"的方式。

按照目前这种方式表述的进化论，没有科学依据。可以说，它是一种特别低级的宗教，其众多高级科学家甚至都不相信他们自己说的话。尽管普遍得不到相信，但这种教条主义宣传坚称，进化的科学知识没有给任何更高的信仰留下余地，这股执拗劲儿始终不曾减退。反对意见干脆就被忽略了。《新大不列颠百科全书》（1975）的"进化"词条结尾部分题为"进化的接受"，其中讲道："进化的反对意见来自神学观点，一度还来自政治观点。"[18] 谁能想到，读到这段话时，无数生物学家和其他一些声望无可指摘的科学家，已经提出了最严肃的反对意见？显然编者觉得，提及他们并不明智，道格拉斯·杜瓦的《进化论者的幻觉》[19] 等书基于纯科学的立场，对进化论进行了强有力的驳斥，百科全书的编者也不认为这些书适合纳入这一题目的参考书目当中。进化论将现代人禁锢在看似"科学"之物和"宗教"的一场不可调和的矛盾冲突里。它摧毁了所有让人奋发向上的信念，用一个让人萎靡不振的信念取而代之，让人对什么都无动于衷。偶然和必然，以及自然选择的功利机制，也许会带来好奇、不可能之事和暴行，却不会带来能被当作成就、令人敬佩的事物——中彩票这样的事不会引发什么敬佩之情。没有什么"高等"，也没有什么"低等"，一切都有某些内容，不过有些事物比另一些事物复杂一些——这纯属偶然而已。进化论声称要单用自然选择和适者生存来解释一切，它是 19 世纪唯物论的功利主义最为极端的产物。20 世纪不能摆脱这种欺骗，这一失败可能会让西方文明崩溃。因为任何文明若是没有比舒适和苟活的功利主义更有意义和价值的信念——换言之，宗教信念——都是不可能存续下去的。

马丁·林斯说：

> 毋庸置疑，在当今世界，进化论让很多人失去了宗教信仰，它在这方面罕有其匹。尽管看起来或许让人惊讶，但许多人还是设法终生生活在宗教和进化论这一不冷不热、并不稳定的组合中。但对头脑更富有逻辑的人来说，除了二者择一，没有别的选择，就是说，只能在让人没落的教义和让人上升的"教义"之间选择一个，全面抵制没有选中的另一个……

数百万当代人选择进化论的理由是，进化是"经过科学验证的真理"，就像他们中的许多人在学校学过的一样；他们与宗教之间的鸿沟，被这一事实进一步拉大了：信教的人除非刚好是个科学家，否则是无法通过提出正确的初步论据与他们进行沟通的，而这一论据还必须处在科学的层面上。[20]

如果这种论据不在"科学层面"上，那它就会被"各种科学术语"喝止，从而"噤声不语"。但真实情况是，初步论据绝不能在科学层面上，它一定得是哲学性的。原因很简单：描述性科学一旦耽于容易理解，却无法通过实验证实和证伪的解释性理论，就会变成反科学和不合理的。这样的理论并非"科学"，而是"信念"。

宇宙的生命场

论述至此, 我们可以说, 不可能仅仅从对第四种认知领域的研究中, 发现正确的信念。对这一领域的研究, 给出的没有别的, 只有对外表的观察而已。

尽管如此, 我们仍然可以看到, 对外表日益精确、注重细节、尽心和富有想象力的观察, 比如最优秀的当代科学家所热衷的观察, 还是带来了越来越多的证据, 证明 19 世纪唯物主义的功利主义完全是站不住脚的。这些发现不便在此详述。我只能重复已故的怀尔德·彭菲尔德博士得出的结论，支持这一结论的是耶鲁大学医学院解剖学教授哈罗德·萨克斯顿·伯尔（如今是退休的荣誉教授），其支持方式再有趣不过。他的"科学冒险"始于1935年，延续了40年，这一冒险的内容，是寻找为无生命物质赋予生机，并使其维持形态的神秘要素。人体的分子和细胞常常分解，再用新的材料重新组建起来。

比如，人体的所有蛋白质每6个月"翻新"一次，在某些器官，比如肝部，蛋白质更新得更为频繁。当我们见到一个半年没见的朋友时，他脸上已经没有一个分子还是我们上次见他时那样了。[21]

伯尔教授和合作者发现：

人以及所有生命形态都是由电动力场安排和控制的，这些电动力场可以被精确地测量和绘制出来……

尽管复杂程度几乎难以想象，但"生命场"跟现代物理学家了解的简单场性质相同，服从同样的规律。

像物理场一样，它们是宇宙系统的组成部分，受太空巨大力量的影响。同样与物理场相似的是，它们具有经过组织和引导的质地，这一点是成千上万次实验揭示出来的。

组织和引导，跟偶然刚好相反，暗示出了目的性。因此，生命场给出的是纯电子的有力证据，证明人并非偶然的产物。相反，人是宇宙固有的组成部分，嵌入在宇宙强大的场域中，服从其不可更改的规律，是宇宙的命运和目的的参与者。[22]

因此，生命的奇迹不是别的，只是通过自然选择发展起来的复杂化学作用而已——这一看法被有效地推翻了，但场的组织能量依然是一个彻头彻尾的谜。伯尔教授废黜了化学和生物化学的"王位"，连同分子变成信息系统的所有 DNA 神话，这无疑是往正确方向迈出了一大步。伯尔教授说：

说真的，化学是很重要，因为化学就好比是让车子跑动的汽油，但生命系统的化学，并不能决定生命系统的功能属性，正如换汽油也不能把福特变成劳斯莱斯一样。化学提供的是能量，但电动力场的电象决定了能量在生命系统内部流转的方向，因此它们才是理解所有生物发展变化的关键。[23]

十分值得注意的是，随着观测性的科学变得日益精细、准确，轻率的19世纪功利主义和唯物主义教条正在逐一倒台，不过多数科学家就像我们已经看到的那样，坚持将他们的工作局限于第四种认知领域，他们通过系统地排除更高存在层次的力量留下的全部证据，将自己局限在宇宙了无生气的一面。这种系统化的故步自封，对指示性科学而言，很有道理，因为更高的能力、生命、意识和自我意识是不受"指示"控制的，正是它们发布的指示！但对描述性科学而言，这种故步自封就毫无道理了，如果遗漏了观察对象最有趣的方面和特点，描述还有什么价值？幸好，如今有很多科学家，比如动物学家阿道夫·波特曼和植物学家海因里希·佐勒（在此只说令我受惠最大的两位），他们都是巴塞尔大学的，他们有勇气打破当代"笛卡儿们"建立的樊笼，向我们展现一个有着神秘意义的宇宙的国度、权柄和荣耀。

这样做正是描述性科学的职能。如果其职能并非如此，干吗还要研究它们呢？当代"笛卡儿们"致力于成为"自然界的主宰和拥有者"，他们也许会像诺思罗普那样回答说，描述只有给行动充当先导，换言之，只有成为如何获得结果的指示时才有价值，因此描述性科学不是别的，只是不成熟的、初级阶段的指示性科学而已。如果这话得到了充分承认——自笛卡儿以来，情势正日益向这种趋势发展——世界的科学图景今后必将是荒凉的、面目可憎的，文明也是一样，终究会走向灭亡。

四种认知的统一性

四种认知领域可以清楚地分辨出来，但认知本身仍然是统一的。单独呈现这四种领域的主要目的，就是让这种统一性最大限度地体现出来。这场分析帮我们理解了什么，不妨举例说明。

（1）当四种认知领域中的一种或几种得不到开发，或是一个领域的开发手段和方法只适用于另一个领域时，认知的统一性就会遭到破坏。

（2）要把事情讲清楚，则有必要将这四种认知领域与四种存在层次联系起来。我们已经附带提及了这一点，比如，任何人若是将自己的研究仅仅局限于第四种认知领域——外在的领域，那他对人性就不会有多少认识。

同样，从人的内在体验的研究中，通常也不会对无机物界产生多少认识，除非某种更高的感官得到开发。

（3）指示性科学将其注意力完全局限于第四种领域，因为只有在这个外表的领域，才能获得数学的精确性；相反，如果描述性科学模仿指示性科学，将自身局限在对外表的观察中，那它就会违背自己的名称。如果它们不能参透意义和目的，亦即只能从内在体验（第一和第二领域）中得到的思想，那它们始终都会缺乏创造力，对人几乎毫无帮助——除非充当"目录清单"的制作者，而这种功能几乎配不上科学这个高贵的名字。

（4）自我认知受到普遍的称赞，被誉为是最珍贵的，但如果仅仅以第一种领域——人的内在体验——的研究为基础，那它还是没有用处。它必须与对第三种领域的研究达成平衡，这样我们才能像别人了解我们那样，学会了解自己。人们经常因为分辨不清第一种和第三种领域而忽略了这一点。

（5）最后是社会认知，也就是与人建立和谐关系所必需的知识。我们并不能直接了解第二种领域——其他存在的内在体验。获得间接了解，是作为在社会存在的人最重要的任务之一。间接了解只能通过自知来获得，这也表明，指责寻求自知的人是"背过身去，对社会置之不理"，是大错特错。把这话反过来说倒更接近实情：寻求自知失败的人，对社会来说，始终是危险的，因为他会误解别人说的每句话、做的每件事，也意识不到他对自己做的许多事情。

章十

更高层次的心智模式：

解决人生两大问题

生活要比逻辑更复杂

在这本书里，我们首先探讨了"世界"和它的四种存在层次；随后我们探讨了"人"、人用来应对世界的装备，以及人在何种程度上能胜任与世界的相遇。然后我们探讨了对世界和自我的认识——四种认知领域。下面我们还要审视的是，人生在世的意义是什么。

生活就意味着应对、战胜和跟进各种环境因素，其中有些因素比较棘手。棘手的环境因素会带来问题，可以说，活着，首先就意味着要去解决问题。

未能得到解决的问题往往会带来生存的痛苦。这样的情况是否从古到今一直如此？这一点或许存在疑问，但这一点在现代世界是确定无疑的，向痛苦开战的部分现代战争采取了笛卡儿式的方法："只探讨清楚、准确、能经得住任何合理怀疑的思想。因此，要以几何学、数学、量化、测量和准确的观察为基础。"（我们被告知）这就是解决问题的办法，唯一的办法；这就是进步的道路，唯一的道路；只要我们放弃所有的感情色彩和其他非理性态度，所有问题就都会迎刃而解。我们生活在数量为王的时代——顺便说一句，这正是勒内·盖农的一部既晦涩难懂又重要的著作[1]名，他是当代最重要的玄学家之一。据说，数量和成本 - 收益分析就是绝大多数问题的答案（倘若不是所有问题的答案），尽管我们面对的是一些比较复杂的存在，比如人，或者复杂的体系，比如社会，但还是只要花点时间，搜集到充足的数据，加以分析就行了。我们的文明很擅长解决问题，当今世界有很多科学家和类似科学家的人，数量比以往任何时代的加起来都要多——而且他们没有把时间浪费在思考宇宙的神奇，或者试图获得自我认知上，他们在解决问题。（我能想象得到，说到这儿，某个读者多少有些不安地问："如果是这样，我们的问题岂不是要解决完了？"但要安慰他并不难：现在我们有更多、更大的问题，远远超过以往任何时代，有些问题甚至生死攸关。）

这一特殊的处境也许会让我们进而探寻"问题"的性质。我们知道，存在着已经解决的问题和未能解决的问题。或许我们觉得，前者算不上是问题；但说到后者，难道还有不但尚未得到解决甚至根本无法解决的问题吗？

首先，我们来看一下已经解决的问题。就以一个设计问题为例吧。比如，如何制作双轮人力运输工具？人们提出了各种解决方案，这些方案日益汇聚，最终，一个设计方案脱颖而出，它就是自行车，结果这一答案恒久流传，与世长存。为什么这个答案能够与世长存？就因为它合乎世界的规律——无生命的自然界这一层次的规律。

我打算将这种性质的问题称为"汇聚性问题"。你越是理智地研究它们，这些答案就越是汇聚到一起。这些问题可以分为"已经得到解决的汇聚性问题"和"尚未得到解决的汇聚性问题"。"尚未"二字十分重要，因为大体上，它们有朝一日终究会得到解决。一切都需要花费时间，只是解决这些问题的时机未到而已。所需要的只是投入更多的时间、更多的研发经费，或许还需要更多的才智。

但也有很多能人准备研究一个问题，却得出了彼此矛盾的答案。它们并不汇聚到一起。相反，越是澄清它们，越是强化其逻辑性，它们的分歧就越大，直到其中一些答案看起来刚好与另一些相反。比如，生活给我们带来一个重大难题——不是双轮运输工具这样的技术性难题，而是"如何教育孩子"这样的关于人的问题。我们无法逃避这个问题，我们必须面对它，去请教众多同样富有才智的人。有些人基于可贵的直觉告诉我们，教育就是将现存文化传给下一代的过程。那些有（或理应有）知识和经验的人负责教，那些缺乏知识和经验的人要去学。这种意见十分明了，还暗示出这其中一定要有权威和纪律的存在。

没有什么能比这更简单、真实、合乎逻辑和直截了当了。在知识拥有者向学生传授现有知识的时候，学生一定要有纪律才能学习知识拥有者所传授的知识。换言之，教育需要树立教师的权威，学生们需要纪律和服从。

现在，我们换一组顾问，他们怀着最大限度的关切研究过这个问题，他们这样说道："教育无非就是提供便利条件。教育者就像一个好园丁，他专心营造良好、健康、肥沃的土壤，让幼苗长出苗壮的根，汲取它所需要的养分。幼苗会按照它自己的存在规律生长，这种规律的微妙程度远远超出了人类的了解，当它能够自由自在地选择自己所需的养分时，它就能成长得最好。"换言之，教育在第二组人看来，需要建立的不是纪律和顺从，而是自由——最大程度的自由。

如果第一组顾问是对的，纪律和服从是"好事"，那么按照完美的逻辑，就可以说如果某种东西是"好事"，那么多多益善；按照这种逻辑，也可以得出结论：完美的纪律和服从是完美的……学校就会变得形同监狱。

另一方面，我们的第二组顾问主张在教育中，自由是
"好事"。如果真是这样，如果更多的自由会更好，完美
的自由会带来完美的教育效果的话，学校就会变成一个
乱七八糟的地方，甚至有几分疯人院的感觉。

自由和纪律／服从——刚好是一对不可调和的矛盾。在现
实情境下，要么是这样，要么是那样。要么是"照你愿
意的做"，要么是"照我说的做"。

逻辑帮不了我们的忙，因为逻辑坚持认为，如果一件事
为真，那么它的反面就不可能同时为真。逻辑还坚持认
为，如果一件事是好的，那就多多益善。但我们所面对
的这件事，是一个非常典型也非常简单的问题，我将它
称为"发散性问题"，它并不服从寻常的、"直来直去的"
逻辑；它表明，生活要比逻辑更复杂。

"最佳教育方案是什么？"这句话简明扼要地提出了一个
完美的发散性问题。答案众说纷纭，越是合乎逻辑、一
以贯之，它们的分歧也就越大。一方面是"自由"，一方

面是"纪律与服从"。没有办法解决，但有些教育者要比其他教育者更出色。他们是怎么做的？向他们请教，不失为良策。如果我们把我们的哲学困境解释给他们听，这种理性的方法或许会把他们激怒。他们或许会说："看哪，这种方法对我来说未免聪明得过了头。关键在于，你必须喜爱那些糟糕的小事。"爱、移情、神秘参与、理解、同情，这些能力要比实施纪律方针或自由方针所需的能力更加高超。要运用这些高超的能力或力量，让它们随时都能派上用场，而不只是偶尔才有的一时冲动。这就需要更高层次的自我意识的作用，这样才能造就出伟大的教育家。

教育问题给出了发散性问题的经典示例，政治问题也是一样，在政治领域，经常遇到的一对矛盾就是"自由"和"平等"，而实际上，自由反对平等，平等反对自由。因为若是对事情采取自由放任的态度，就会出现强者欣欣向荣，弱者受苦受罪的局面，平等就无迹可寻了。另一方面，推行平等就要限制自由，除非有更高层次插手干预。我不知道是谁提出了法国大革命的口号，但他准是一个见识不凡的人。① 他向自由和平等这对在通常逻辑下不可调和的矛盾里，加入了第三种因素或力量——博爱。这种力量来自更高的层次。我们怎么知道它来自比平等和自由更高的层次？因为平等和自由可以通过以强制力为后盾的立法活动来建立，但博爱是一种超出任何机构管辖范围，超出操纵层次的人类品性。它可以实现，也经常实现，但只能由个人通过他们本人高尚的道德力量和能力来实现，总之，就是靠变得更好来实现。"怎样才能让人变得更好？"这个问题常常被人们问到，但让人变得更好这种想法属于操纵的层次，也就是存在着矛盾并且不可调和的层次。

一旦我们承认，在人生道路上，存在着"汇聚性问题"和"发散性问题"这两类不同的问题，我们就会提出另一些非常有趣的问题，比如：

---

① 有人说，这个人是路易斯·克洛德·圣马丁（Louis-Claude de Saint-Martin，1743—1803），他在他的著作中署名为"不知名的哲学家"。

我如何辨别某个问题属于哪一类别？

二者的区别何在？

两类问题的解决方案有哪些？

存在着"进步"吗？解决方案会越来越多吗？

要尝试解决这些问题，无疑需要做许多更进一步的探讨。

咱们先从辨别问题开始谈起吧。如前所述，汇聚性问题的解决答案倾向于融合交汇，变得更加精确；这些答案可以得出最终结论，可以用操作指南的方式写下来。一旦找到答案，问题就变得无趣了；一个问题一旦解决完毕，就变得死气沉沉了。运用这种解决方案不需要任何高级的能力——挑战不复存在了，任务完成了。不论是谁运用这种解决方案，都可以保持相对被动；他是一个接受者，在某种程度上可以说，他得到某些东西，不需要再付出什么代价。汇聚性问题涉及的是这个世界无生命的一面，操纵活动可以畅行无阻，人可以充当"主宰和拥有者"，因为在这些问题上，我们贴上生命、意识、自我意识标签的这些微妙、高级的能力并不存在，并没有将问题变复杂。一旦这些高级能力的干预达到了重要程度，这个问题就不再是汇聚性的了。因此，我们可以说，汇聚性问题也就是不涉及生命、意识和自我意识的所有问题，也就是物理、化学、天文学领域、几何与数学等抽象科目或者棋类游戏等领域内的问题。

在处理更高存在层次的问题时，我们可以期待的是发散性，因为不论其程度有多低，自由和内在体验的要素都出现了。从另一个角度来看的话，我们会看到一对对的矛盾普遍存在，这正是生命的标志：成长与衰朽。成长因自由而兴旺（我指的是健康的成长，病态的成长其实是一种衰朽），而衰朽和瓦解的力量只有通过某种秩序才能抑制。这些基本的矛盾——成长与衰朽、自由与秩序——在有生命、意识和自我意识的情况下，都会相遇。正如我们已经看到的，正是一对对的矛盾使得一个问题趋于发散，而成对矛盾（这种基本属性）的消失，则确保了汇聚性。

同样容易观察到的，就是解决问题的方法，我们可以称

之为"实验室方法"。它包括消除所有不可控制的，或者
至少是无法准确测量和无法"容许"的因素。剩下的部
分不再是真实的生命，没有了生命的不可预测性，只是
一个孤零零的系统，伪装成了汇聚性的，因此原则上是
可以解决问题的。与此同时，汇聚性问题的解决方案证
明了这个孤零零的系统的某些内容，但丝毫也证明不了
系统之外和比它层次更高的内容。

我说过，解决一个问题，等于是消灭一个问题。"消灭"
一个汇聚性问题没有什么不妥，因为汇聚性问题涉及的是
生命、意识和自我意识已经消逝后的事物。但发散性的问
题能够，或者说应该被消灭吗？（"最终解决"这个词依
然可怕地回响在我们这一代人的耳畔。）

发散性的问题不能被消灭，因为它们不能靠建立"正确的
公式"这样的方式来解决。但它们可以被超越。一对矛
盾，比如自由和秩序，在日常生活中的层次是对立的，但
在更高的层次，真正的人的层次，就不再是对立的了，因
为此时自我意识会发挥出恰当的作用。那时，爱与同情、

理解与移情这些高等的能力，就会变得随时可用，不再像偶发的冲动（这些能力在低层次时就是这样）那样简单，而会变成一种常规的、可靠的源泉。矛盾不再对立了，它们就像一起和睦地躺在圣希罗尼穆斯（他在丢勒那幅著名的画作上代表着"更高的秩序"）的书房里的狮子和羔羊一样。

当"更高的力量"出现时，矛盾何以会停止对立呢？当博爱出现时，自由和平等何以停止了彼此对立，变得"调和一致"呢？这些不是逻辑问题，而是关乎存在的问题。存在主义声明[2]，它主要关注的就是体验作为证据必须得到承认，这话暗示着，没有了体验，就没有了证据。当"更崇高的力量"——比如爱与同情——介入时，矛盾就被超越了，这不是能用逻辑术语讨论的问题，只能由一个人的切身体验来经历（"存在主义"一词即由此而来）。比方说，一户人家有两个大儿子和两个小女儿，他们自由自在，而且平等并未因此而受损，是因为手足之情控制住了大男孩们对优势力量的运用。

对我们来说，重要的是要充分意识到这些矛盾的存在。我们的逻辑思维不喜欢它们，因为逻辑思维往往按照非此即彼或非对即错的原则来运转，就像计算机一样。因此，在任何时候，它都想为矛盾的一方单独效力，这种片面性不可避免地会导致更明显的失实和失真，甚至还会让头脑突然转变立场，而其本人往往还没有觉察。它就像钟摆，从一侧摆动到另一侧，每次都有一种"重新拿定主意"的感觉；要不然，头脑就会变得僵化死板，固守在矛盾的一方，认为现在"问题解决了"。

在这些成对的矛盾中，自由与秩序、成长与衰朽最为常见，它们给这个世界带来了紧张对立，这种紧张对立会让人变得更为敏感，自我意识更加强烈。如果意识不到人的所有所作所为中都有这些成对的矛盾存在，就不会真正地理解人。

在社会生活中，既存在着对公正的需求，也存在着对仁慈的需求。托马斯·阿奎那说："有公正而无仁慈，是残酷；有仁慈而无公正，是灭亡之母。"[3]这话十分清晰地辨明了一个发散性问题。公正是对仁慈的否定，仁慈是对公正的否定。只有更崇高的力量——智慧，才能调和这对矛盾。问题无法解决，但智慧能够超越问题。类似地，社会需要稳定和变革、传统和革新，公众利益和私人利益，计划和放任，秩序和自由，增长和衰朽。在每个地方，社会的健康都取决于同时采取矛盾的活动，追求矛盾的目标。采用最终解决的方式，意味着对人性签发了死刑判决，要么意味着残酷，要么意味着灭亡，或者同时意味着两者。

发散性问题让逻辑思维感到不快，逻辑思维希望倒向矛盾的一侧，以此来消除紧张关系；但这些问题挑衅、刺激并打磨着人的高等能力，没有了这些能力，人不过只是一个机灵的动物而已。拒绝承认发散性问题的发散性，会让这些高等能力一直处于休眠状态、陷入萎缩，这时这个"机灵的动物"很可能就会毁了自己。

因此可以这样看待和理解人生：人生就是一连串不可避免会遇到的，并且必须以某种方式来解决的发散性问题。

只靠逻辑和推论的理性很难驾驭它们。可以说，这些问题充当了一种拉伸器具，用以培养完整的人，这意味着它们发展的是人超越逻辑的能力。所有传统文化都把人生看成是一所学校，它们以各不相同的方式，看出了这种教导性的影响力本质。

艺术是感知真实的媒介

说到这儿，或许我们可以聊一聊艺术。如今，谈到艺术，似乎完全没有章法可循，怎么做都行。谁敢对号称"超前于时代"的艺术喝倒彩呢？不过，我们不必如此胆怯。通过将艺术与人联系起来，我们能获得可靠的方向感。在某种程度上，可以说人就是由感受、思维和意愿组成的。如果艺术主要着眼于影响我们的感受，我们可以称之为娱乐；如果艺术主要着眼于影响我们的意愿，我们可以称之为宣传。我们可以看出，娱乐和宣传这两者是一对矛盾，而且不难感觉出，这里漏掉了某种东西。没有哪位伟大艺术家的创作是为了拒绝娱乐或宣传，或是仅仅满足于这两者。他不可避免地要通过吸引人超越理性的高级知性能力努力传达真实，传达真实的力量。娱乐和宣传本身不会赋予我们力量，但它们会对我们施加影响力。当它们被真实所超越并且服膺于真实时，艺术就会帮助我们发展更高的能力，这一点是最重要的。阿南达·K.库马拉斯瓦米说：

> 如果艺术想要获得真正的价值，如果艺术想要滋养并培育我们最好的那一部分，就像植物在适宜的土壤中得到滋养和成长一样，那它的吸引力就应该诉诸理解力，而非细腻的感受。公众在这方面是对的：他们总想知道一件艺术品"与什么有关"……让我们把令人痛苦的真相告诉他们吧：这些（伟大的）艺术作品大多与上帝有关，而我们在上流社会从来不会提到他。让我们承认吧，如果说我们在同意［这些伟大的艺术作品］最内在的属性和说服力时受到了教育，那么这绝不会是感受方面的教育，而是哲学教育，这里所说的哲学，是柏拉图和亚里士多德所

说的哲学，对他们来说，哲学意味着本体论、神学、
生活的地图，以及处理日常事务的智慧。[4]

从给困惑者指点迷津、指明上山之路这一点来说，所有
伟大的艺术作品都"与上帝有关"。我们不妨再次回想一
下最伟大的艺术样板之一，但丁的《神曲》。[5]但丁写这
部作品是为了给普通人看，而不是给那些有足够办法满
足自己细腻感受的人看。他解释道："整部作品的写作不
是出于一种投机目的，而是出于一种实用目的……整部
作品的目的，就是让在世的人从悲惨的状态中摆脱出来，
指引他们步入幸福的境地。"[6]朝圣者——但丁本人处在
权力和成功的巅峰时，突然意识到自己根本不在什么巅
峰上，相反，是"在一片黑暗的森林之中，在里面迷失
了正确的道路"。

唉！要说出那是一片如何荒凉、如何崎岖、
如何原始的森林，是多难的一件事呀，
我一想起它心中又会惊惧！
那是多么辛酸，死也不过如此。

他想不起自己是如何来到这里的：

> 因为在我离弃真理的道路时，
> 我是那么睡意沉沉。

在"醒来之后"，但丁抬头望见了山：

> 早已披着那座行星［太阳］的光辉，
> 它引导人们在每条路上向前直行。

他想要攀登这座山，试了一下，结果他发现自己被三头野兽拦住了去路，第一头：

> 在陡坡差不多开头的地方，
> 有一头"豹"，轻巧而又十分娇捷，
> 身上披着斑斓的皮毛。
> 它不从我的面前走开，
> 却那么地挡住我的去路，
> 我几次想要转身折回。

轻巧、矫捷、披着斑斓的皮毛——全都是生命的宜人诱惑，他过去常常向这些屈服。后面还有更糟的——一头傲慢、可怕的狮子，还有一头母狼：

> 她的瘦削愈发显得她有着无边的欲望；
> 她以前曾使许多人在烦恼中生活。
> 她的容貌之恐怖使我的心头变得何其沉重，
> 我竟失去了登陟的希望。

可是"天上的"贝亚特丽斯看到了但丁，她想帮助他，但不能亲自出手，因为但丁所在的位置太低，信仰无法接触到他，于是她请艺术的化身维吉尔引导但丁走出"这蛮荒之地"。真正的艺术是人的寻常品性和更高潜能之间的媒介，于是但丁承认了维吉尔：

> 你用你所说的话使我心中，
> 生出这样要去的愿望，
> 我已恢复了我的原意。
> 请先行，因为我们只有一个意志；

你是导者，你是圣哲，你是夫子。

只有真实才能被承认为导者、圣哲和夫子。只看重艺术的美感，是没抓住重点的做法。艺术的真正作用是"使我心中生出攀登的愿望"，让我们"恢复原意"，这是我们真正的愿望，但我们却总是忘记。

伟大的文学作品所涉及的，就是发散性问题。把这样的文学作品——哪怕是《圣经》——只"当作文学作品"来阅读，仿佛其主旨在于诗意、想象力、十分贴切地运用辞藻和比喻的艺术表达，等于将崇高变成了琐碎无聊。

什么是"好的"

今天，许多人呼吁建立一种新的社会道德基础，一种新的伦理根据。当他们说"新的"的时候，似乎忘记了他们要解决的是发散性问题，这些问题并不需要发明新的解决方案，只需要人发展更高的能力，运用更高的能力。"有些人因罪恶而升迁，有些人因德行而没落。"莎士比亚在《一报还一报》中写道。他坚持认为，只认定美德是好的，邪恶是坏的（的确如此！）还不够，重要的是，人是升迁到更高的潜能还是从更高的潜能处没落，通常，人们通过美德升迁；但如果美德只是外在的，欠缺内在的力量，那它只会让人们自鸣得意，他们的发展就会失败。同样，按照通常标准来说是罪恶的事，如果它带来的震撼能够让人原本沉睡的高超能力觉醒，或许就会启动举足轻重的发展过程。东方的教义中就有这样的例子，比如库拉那瓦密宗就说："人因何而倒，就因何而起。"所有的传统智慧——但丁和莎士比亚就是它们的杰出代表——超越了寻常的、精打细算的逻辑，将"好的"定义为能够通过发展我们的高超能力，帮助我们真正成为人。这些高超的能力取决于自我意识，并且是自我意识的一部分。没有了它们，就没有了使人区别于动物的人性，什么是"好的"这个问题就会简化为"最多数人的最大幸福"这一功利主义，就算这样的幸福指的不是别的，充其量也只是舒适与刺激而已。

但实际上，人不接受这些"简化"。甚至在他们相当适应环境，生活充满舒适与刺激时，他们也会继续问："什么是'好的'？什么是'善'？什么是'恶'？什么是'罪'？我要怎样做，才能让人生有价值？"

在全部哲学中，没有哪个科目比伦理学更混乱。任何人如果像"想要面包"那样寻求指点，去找伦理学教授的话，得到的甚至还不是石头，而是"意见"的洪流。除了极个别例外，他们都对伦理进行了一番研究，却不先澄清人生在世的目的。不了解目的，显然不可能确定孰好孰坏、孰是孰非、道德与邪恶。比如，所谓好是指对什么而言的？询问目的何在，一直被称作"自然主义的谬论"——美德就是自身的报偿！没有哪位伟大导师会对这样的遁词感到满意。如果某个事物据说是好的，却没有人能告诉我它对什么而言是好的，我怎么可能对它产生兴趣呢？如果我们的指南、我们翔实的人生地图不能告诉我们"好"处何在，以及如何接近它，那我们的指南和地图就是没有价值的。

我们简要回顾一下。我们探讨过的第一大真理，就是世界的层级结构——至少有四种存在层次，逐级向上，都会增添新的能力。在人的层次，我们可以清晰地感受到它是没有封闭的。人能做什么，并没有什么显而易见的限制；人似乎就像古人常说的那样，可以容得下宇宙，一个人做了某件事，这件事就变成了人的一种能力，它就像一盏灯一样在黑暗中闪闪发亮，哪怕再也找不出第二个人把他做的事重复一遍。人，即使完全成熟，显然也不是一件成品，但其中一些无疑比另一些"完成"度更高。大多数人终其一生，为人类所独有的自我意识这一能力始终都处于萌芽状态，未能得到发展，很少得到激活，只是偶尔活跃片刻。根据传统的教义，这正是我们能够并且理应以三倍乃至十倍的努力培养的"天赋"，绝不应出于安全考虑而将其深埋地下。

在对四种存在层次，从无生命的无机物到有自我意识的人，进而还有我们所能设想的最完美、一体化程度最高、最有智慧、最自由的"人"进行思考时，我们简要地谈到了各种"进步"。通过这些推论，我们不但可以清晰地理解先辈们在谈到上帝时心里想的是什么，而且还能辨别出能为我们的尘世生活赋予理性和意义的唯一发展方向。

第二大真理就是契合的真理。可以说，我们周遭的一切都必须与我们的某种感观或能力相匹配，否则我们就意识不到它的存在。因此我们的能力也有层级结构，而且不足为奇的是，越是高超的能力，其高度发达的情形就越罕见，其发展也要付出更大的努力。要提升我们的存在层次，我们就要采取一种对于提升有所帮助的生活方式，这意味着对我们较低的属性，只给予必要的关注就行，把我们充足的时间和注意力用在追求更高的发展上。

这种追求的一个核心部分，就是培养四种领域的认知。我们的理解程度是高是低，就取决于我们研究自我的超然、客观和认真的程度如何。既要研究我们的内在（第一种领域）是怎样的，也要研究我们作为客观现象，在他人眼中是怎样的（第三种领域）。指点我们如何获得这两类自我认知，就是所有传统宗教教义的主要内容，但至少在西方过去的一百年里，这方面的指点几乎完全是空白的。所以我们才无法信任别人；所以人们才生活在不断的焦虑之中；所以尽管我们有那么好的技术条件，沟通却变得越发困难；所以我们才需要组织更完善的福利救济，来弥补因自发的社会凝聚力日渐消失而出现的巨大裂缝。基督教（和其他宗教）的圣人们对自己有着

深刻的认识，他们甚至能"看"透其他存在的内部。圣
方济各能与动物、飞鸟乃至花朵沟通，在现代人眼里当
然会显得不可思议，现代人对自我认知十分忽视，甚至
连跟他们的妻子沟通都有困难。

"内心世界"作为认知领域（第一和第二种认知领域），
是自由的世界；外部世界（第三和第四种领域）是必然
性的世界。我们所有的重大人生问题，可以说，都介于
自由和必然性这两极之间。它们是不可解决的发散性问
题。我们想要解决问题的焦虑，源于我们完全缺乏自知，
由此形成了存在的痛苦，克尔恺郭尔是这类痛苦最早也
最令人印象深刻的解释者之一。想要解决问题的焦虑促
使人们完全专注于通过智力努力研究汇聚性问题。人们
怀着巨大的骄傲，自愿将无限的心智束缚在"可解决的
艺术"这种限制里。彼得·梅达沃说："优秀科学家研究
的是他们认为自己能够解决的最重要的问题。毕竟，他
们的职业就是解决问题，而不是抓着问题不放。"[7] 这
话说得在理；与此同时，它清楚地表明，这种意义上的
"优秀科学家"只能处理世界了无生气的一面。真正的生

活问题必须抓着不放。这里重复引用托马斯·阿奎那的
一句话："从最崇高的事物中可能获取的最微妙的知识，
也比从低微的事物中获取的最确凿的知识更可取"。"抓
住"最微妙的知识带来的帮助，才是真正的生活，而在
"从低微的事物中获取的最确凿的知识"的帮助下解决问
题——能解决的问题必定是汇聚性的——只是专门为了
省力而设计出来的既有用又体面的诸多活动之一。

尽管逻辑思维厌恶发散性问题，试图逃离它们，但人的
高超能力却能接受生活的挑战，也没有什么抱怨，它们
知道，只有在事情最为矛盾、荒唐、困难和令人沮丧时，
生活才是合乎情理的。生活作为一种机制，刺激着且几
乎是逼迫着我们向更高的存在层次发展。我们面对的问
题，是信念问题，是选择我们的"重要性等级"的问题。
我们平庸的想法总想说服我们相信：我们不是别的，只
是橡子而已，我们最大的幸福就是变成更大、更肥、更
闪亮的橡子；但这只是猪感兴趣的事。我们的信念让我
们有了更进一步的认知，比如我们可以变成橡树。

什么是好的，什么是坏的？什么是善，什么是恶？这完全取决于我们的信念。从本书中探讨的四大真理中选择方向，研究我们地图上这四大地标之间的相互联系，我们会发现，要看清人的真实历程是怎样的，并不困难。

——他的第一项任务，就是认识社会和"传统"，接受外界指引，从中寻找短暂的幸福。

——他的第二项任务，就是消化他所获得的知识，将其过滤，分门别类，去芜存菁。这个过程可以称为"个性化"，他开始自己做主。

——他的第三项任务，要等到他完成前两项之后才能着手进行，要完成这项任务，他需要所能找到的最好的帮助：把自己，自己的好恶，自己先入为主的自我中心都"看成是死的"。他在这一点上做得多成功，他就会多成功地摆脱外界的指引、摆脱自我的引导。他获得了自由，或者可以说，这时他是由上帝指引。如果他是基督徒，这正是他所希望的。

如果这是摆在每个人面前的三项任务，我们可以说，"善"
就是帮助我和他人完成这趟解放之旅的东西。我被要求
爱人如己，但除非我足够爱自己，并按照前面说的那样，
开始这趟旅程，否则我根本无法爱他（除非涉及性爱或情
爱）。只要我还像圣保罗所说的那样："因为我所做的，我
自己不明白；我所愿意的，我并不做；我所恨恶的，我
倒去做"，教我如何爱他，帮助他？想要像爱自己、帮助
自己那样爱邻人、帮助邻人，我应该做到的是积极、耐
心地让我的思想向着崇高的事物，向着超过我的存在层
次不断延伸——对我来说，只有那里才是"善"。

现代世界还有救吗

但丁（在《神曲》中）"醒来"，发现自己置身可怕的黑暗森林，可他从未打算到这里来。他想要攀山而上，这一良好意愿却无望实现。他得先下到地狱里去，然后才能充分理解罪孽深重的现实。今天，那些认为地狱就是现代社会原原本本的再现的人，通常被斥作"末日论者"、悲观主义者等。但丁的最佳评论家之一多萝西·L.塞耶斯，也是现代社会的最佳评论家之一，她说：

> 人人都会欣然同意，《地狱篇》是人类社会处于罪恶、

腐坏状态下的图景。因为如今我们确信不疑：社会形势不妙，今后也未必会向完美无缺的方向改进，所以我们发现，我们很容易就能辨别出来，腐坏的深度达到了何种阶段。无聊；缺少富有生气的信念；道德风气松弛，不知餍足的消费，财务上的不负责任，无法克制的坏脾气；固执己见，倔强的个人主义；暴力，贫乏，对他人和自己的生命与财产缺乏尊重；性泛滥，广告和宣传语对语言的贬低，宗教的商业化，迎合迷信，迎合人的头脑被泛歇斯底里和各种"迷人"事物影响之后的状况，公共事务中的唯利是图和走后门行为，伪善，重要事务中的欺诈，智力活动中的不诚实行为，用能够解决的问题煽动矛盾（阶级对阶级、国家对国家），对各种沟通的篡改和破坏；利用群众最低级愚蠢的情绪；背叛亲朋好友、国家和效忠的誓言。这些就是很容易辨别的各个发展阶段，它们通向社会的凄凉灭亡和文明的人际关系的全面消亡。[1]

这里所列举的，都是些什么样的问题啊！人们还在吵着要"解决方案"，可一旦告诉他们社会的修复必须从内部进行，而不能从外部进行，他们还会生气。上面这段话写于四分之一个世纪之前，从那时起，形势变得越发恶化了，《地狱篇》里的描写也变得更让人熟悉了。

但也有一些积极的改变，有些人得知修复必须从内部开始，就不再生气了；人们不再像 25 年前那样迷恋"一切都是'政治'，对'体制'激进的重新安排能够拯救文明"这样的信念了；在当代社会，到处都是新生活风尚和自愿过俭朴生活的实例；机械唯物主义的自负衰落了，在有教养的阶层，人们有时也能容许提到上帝。诚然，这种心态的变化不都是源于灵性的洞察，而是源于环境危机、能源危机、食物短缺威胁，以及即将到来的健康危机所带来的对唯物主义的反思。面对这些和其他威胁，多数人仍然会努力相信"技术能够解决问题"。他们说，如果我们能够开发出混合能源，我们的能源问题就能得到解决；如果我们能够将石油变成可食用蛋白的过程完善，全世界的食物问题就能得到解决；新型药物的研发也一定能够避免健康危机的威胁；如此等等。

尽管如此，"现代人无所不能"这一信念正在变得日渐淡薄。哪怕技术解决了所有的"新"问题，无聊、混乱、腐朽的局面仍将一如既往。这种局面早在当前危机变得严重之前就已经存在了，它也不会自行离开。越来越多的人开始意识到，"现代的实验"失败了。这场实验从我称为"笛卡儿式的革命"那里获得了初期的动力，这场革命以不依不饶的逻辑，将人与那些能够维持其人性的更高层次隔绝开来。人关上了天堂的大门，试图用巨大的活力和创造力，将自己禁闭在尘世上。如今他发现，尘世只是昙花一现，因此，拒绝前往天堂，就意味着身不由己地落入地狱。

可以想象的是，没有教会的生活是有可能的，然而没有宗教的生活是不可能的。没有了宗教，也就没有了与比"日常生活"更高层次的全面联系，没有了面向更高层次的发展，没有了那份欣悦和痛苦、感受和满足、精巧或朴拙——不管它究竟是什么样的。没有宗教的现代实验已经失败了，一旦我们理解了这一点，就能知道我们的"后现代"任务是什么了。值得注意的是，很多年轻人

（各个年龄都有！）正在寻找正确的方向。他们深切地感受到，解决汇聚性问题的成功方案无助于解决、掌握真实生活中的发散性问题，甚至可能会有适得其反的效果。

生活的艺术一向都是把坏事变成好事。只要我们知道，我们已经落入了地狱的地界，这里等待着我们的只有"社会的凄凉灭亡和文明的人际关系的全面消亡"，我们就能调集起"掉头转向"，也即精神转变所需要的勇气和想象力。随后，我们就会用崭新的眼光来看待这个世界，把它看作这样一个地方：现代人时时谈论却总也无法做到的那些事，其实在这个世界上是可以做到的。地球的慷慨使我们能够养活全人类；我们对生态学的认识，足以让地球始终保持良好的状态；地球上有足够的空间，又有足够的物质资料，因此人人都能得到充分的庇护；我们的能力足以制造充足的必需品，不让任何一个人生活在悲惨的境地。最重要的是，我们会认清，经济问题是已经解决完毕的汇聚性问题：我们知道如何足量供应，不需要靠任何暴力、残忍、挑衅性的技术来实现。不存在什么经济问题，在某种意义上可以说，从来就没有过什么经济问题。但道德问题是存在的，道德问题不是汇聚性的，不是可以毕其功于一役，从而让未来的世代免受其苦的问题；它们是发散性问题，我们必须理解它们，超越它们。

我们能否指望会有足够多的人以足够快的速度，完成"掉头转向"，拯救现代世界？这个问题常常被人们问起，但不论给出何种答案，都会造成误导。"会"这个答案会让人们自鸣得意，"不会"这个答案则会令人绝望。更好的做法还是把这些迷惑抛到脑后，开始踏踏实实地工作吧。

致谢

本书作者和出版社谨此向下列各方准许引用其相关内容表示感谢：艾蒂安·吉尔松（E. Gilson），《哲学经验的统一性》(*The Unity of Philosophical Experience*)（出版社：Sheed and Ward）；莫里斯·尼科尔（Maurice Nicoll）及其两部著作——《生存的时间与生命的融合》(*Living Time and the Integration of the Life*) 和《葛吉夫和邬斯宾斯基教学心理学评论集》(*Psychological Commentaries on the Teaching of Gurdjieff and Ouspensky*)第一卷（出版社：Watkins Publishing House）；W.T. 斯泰斯（W.T. Stace），《神秘主义与哲学》(*Mysticism and Philosophy*)（出版社：Macmillan, London & Basingstoke）；G.N.M. 蒂勒尔（G.N.M Tyrrell），《意义分级》(*Grades of Significance*)（出版社：Hutchinson）；以及怀特

尔·佩里（Whitall N. Perry）的《传统智慧宝藏》（*A Treasury of Traditional Wisdom*）（出版社：George Allen and Unwin）。

注释

章一

1. 确切地说，是 1968 年 8 月，苏联入侵捷克斯洛伐克的那个星期。

2. St Thomas Aquinas, *Summa theologica*, I, 1,5 ad 1.

3. Maurice Nicoll, *Psychological Commentaries* (London, 1952), vol. 1.

4. Victor E. Frankl, 'Reductionism and Nihilism', in A. Koestler and J. R. Smythies (eds), *Beyond Reductionism* (London, 1969).

5. Victor E. Frankl, 'Reductionism and Nihilism', in A. Koestler and J. R. Smythies (eds), *Beyond Reductionism* (London, 1969).

6. Quoted by Michael Polanyi, *Personal Knowledge* (london, 1958).

7. Koestler and Smythies，参见前面提到的书。

8. Plato, *Symposium*, trans. Jowett (Oxford, 1871).

9. Cf. F. S. C. Northrop, *The Logic of the Sciences and Humanities* (New York, 1959).

10. René Descartes, *Rules for the Direction of the Mind*, trans. Elizabeth Haldane and G. R. T. Ross. (Encyclopaedia Britannica, Chicago, 1971).

11. René Descartes, *Rules for the Direction of the Mind*, trans. Elizabeth Haldane and G. R. T. Ross. (Encyclopaedia Britannica, Chicago, 1971).

12. René Descartes, *Discourse on Method*.

13. Descartes, *Rules for the Direction of the Mind*.

14. Descartes, *Rules for the Direction of the Mind*.

15. Jacques Maritain, *The Dream of Descartes* (London, 1946).

16. Jacques Maritain, *The Dream of Descartes* (London, 1946).

17. Descartes, *Rules for the Direction of the Mind*.

18. Etienne Gilson, *The Unity of Philosophical Experience* (London, 1938).

19. Etienne Gilson, *The Unity of Philosophical Experience* (London, 1938).

20. Blaise Pascal, *Pensées*, section 11, no, 169.

21. Quated in *Great Books of the Western World. The Great Ideas* (Chicago, 1953), vol. 1, ch. 33.

22. St Thomas Aquinas, *Summa contra Gentiles*, vol. 1(London, 1924-8).

23. St Thomas Aquinas, *Summa contra Gentiles*, vol. 3(London, 1924-8).

章二

1. Arthur O. Lovejoy, *The Great Chain of Being* (New York, 1960).

2. Catherine Roberts, *The Scientific Conscience* (Fontwell, Sussex, 1974).

章三

1. StThomas Aquinas, *Summa contra Gentiles*, vol. 5, book 4, ch. XI.

2. Maurice Nicoll, *Living Time* (London, 1952), ch. 1.

3. Nicoll，参见前面提到的书。

章四

1. G. N. M. Tyrrell, *Grades of Significance* (London, 1930).

2. R. L. Gregory, *Eye and Brain—the Psychology of Seeing* (London, 1966).

3. Tyrrell，参见前面提到的书。

4. Matt. XIII. 13.

5. Matt. XIII. 15; Acts XXVIII. 27.

6. Rev. III. 16.

7.　Etienne Gilson, *The Christian Philosophy of Saint Augustine* (London, 1961).

8.　Etienne Gilson, *The Christian Philosophy of Saint Augustine* (London, 1961).

9.　Jalal al-Din Rumi, *Mathnawi* (Gibb Memorial Series, London, 1926-34), vol. 4.

10.　John Smith the Platonist, *Select Discourses* (London, 1821).

11.　Richard of Saint-Victor, *Selected Writings on Contemplation* (London, 1957).

12.　*Suttanipata*, IV, ix, 3.

13.　*Majjhima Nikaya*, LXX.

14.　*Maurice Nicoll, Living Time* (London, 1952), ch. x.

章五

1.　Sir Arthur Eddington, *The Philosophy of Physical Science* (London, 1939).

2.　René Descartes, Preface to the French translation of the *Principia Philosophiae*, part 11.

3.　Cf. Ernst Lehrs, *Man or Matter*（London, 1951）. "事实上，物理学本质上，正如爱丁顿教授所指出的那样，是'指针读数的科学'。用我们的方式来看待这件事，我们可以说，人从科学之初建造的所有读数仪器，都是以人作为模特的，局限于没有色彩、非立体化的观察。在这种情况下，留给人的任务只有留意指针的位置，记录位置的变化。的确，完美的科学观察者本人，就是读数仪器。"（第 132 ～ 133 页）。

4.　René Descartes, Preface to the French translation of the *Principia Philosophiae*, part 11.

5.　Etienne Gilson, *The Christian Philosophy of Saint Augustine* (London, 1961).

6.　Etienne Gilson, *The Unity of Philosophical Experience* (London, 1938).

7.　Etienne Gilson, *The Unity of Philosophical Experience* (London, 1938).

8.　Abraham Maslow, *The Psychology of Science* (New York, 1966), ch. 4.

9.　William James, *The Will to Believe* (London, 1899).

章六

1. Whitall N. Perry, *A Treasury of Traditional Wisdom* (London, 1971).

2. *Measure for Measure*, III, ii, 250; see also Beryl Pogson, *In the East My Pleasure Lies* (London, 1950), and Martin Lings, *Shakespeare in the Light of Sacred Art* (London, 1966).

3. P. D. Ouspensky, *The Psychology of Man's Possible Evolution*, (London, 1951), 1st lecture.

4. P. D. Ouspensky, *The Psychology of Man's Possible Evolution*, (London, 1951), 1st lecture.

5. Joseph Campbell, 'Prologue', *The Hero with a Thousand Faces* (New York, 1949).

6. Ernest Wood, *Yoga* (Harmondsworth, 1959), ch. 4.

7. Ouspensky，参见前面提到的书。

8. Nyanaponika Thera, 'Introduction', *The Heart of Buddhist Meditation, a Handbook of Mental Training Based on the Buddha's Way of Mindfulness* (London, 1962).

9. Nyanaponika Thera, 'Introduction', *The Heart of Buddhist Meditation, a Handbook of Mental Training Based on the Buddha's Way of Mindfulness* (London, 1962).

10. Nyanaponika Thera, 'Introduction', *The Heart of Buddhist Meditation, a Handbook of Mental Training Based on the Buddha's Way of Mindfulness* (London, 1962).

11. 'The Instruction to Bahiya', quoted by Nyanaponika Thera，参见前面提到的书。

12. *The Cloud of Unknowing*, a new translation by Clifton Wolters (Harmondsworth, 1961).

13. *Majjhima Nikaya*, CXL. Cf. also J. Evola,*The Doctrine of Awakening* (London, 1951), ch. IV.

14. *The cloud of Unknowing*，参见前面提到的书。

15. In *A Treasury of Russian Spirituality*, compiled and edited by G. P. Fedotov (London, 1952).

16. See *Writings from the Philokalia on Prayer of the Heart* (London, 1951) and *Early Fathers from the Philokalia* (London, 1954).

17. Hieromonk Kallistos (Timothy Ware) in his introduction to *The Art of Prayer*（见下一条）.

18. *The Art of Prayer, An Orthodox Anthology*, compiled by Igumen Chariton of Valamo (London, 1966), ch. 111, iii.

19. Wilder Penfield, *The Mystery of the Mind* (Princeton, 1975).

20. Wilder Penfield, *The Mystery of the Mind* (Princeton, 1975).

21. 'On The Prayer of Jesus', from the *Ascetic Essays of Bishop Ignatius Brianchaninov* (London, 1952). The quotations are from the 'Introduction' by Alexander d'Agapeyeff.

22. W. T. Stace, *Mysticism and Philosophy* (London,1961).

23. W. T. Stace, *Mysticism and Philosophy* (London,1961).

24. W. T. Stace, *Mysticism and Philosophy* (London,1961).

25. W. T. Stace, *Mysticism and Philosophy* (London,1961).

26. W. T. Stace, *Mysticism and Philosophy* (London,1961).

章七

1. Rom.VIII.22.

2. J. G. Bennett, *The Crisis in Human Afairs* (London,1948), ch.6.

3. William James, *The Principles of Psychology* (Chicago,1952), ch. 25.

章八

1. Maurice Nicoll, *Psychological Commentaries on the Teaching of G. I. Gurdjieff and P. D. Ouspensky* (London,1952-6), vol. 1, p. 266.

2. Maurice Nicoll, *Psychological Commentaries on the Teaching of G. I. Gurdjieff and P. D. Ouspensky* (London,1952-6), vol. 4, p. 1599.

3. Maurice Nicoll, *Psychological Commentaries on the Teaching of G. I. Gurdjieff and P. D. Ouspensky* (London,1952-6), vol. 1, p. 267.

4. Maurice Nicoll, *Psychological Commentaries on the Teaching of G. I. Gurdjieff and P. D. Ouspensky* (London,1952-6), vol. 1, p. 259.

章九

1. Arthur Livingston in his 'Editor's Note' to *The Mind and Society* (see next note).

2. Vilfredo Pareto, *The Mind and Society* (London,1935), para-graphs 69/2; 99/100; 109/110.

3. Vilfredo Pareto, *The Mind and Society* (London,1935), para-graphs 69/2; 99/100; 109/110.

4. Vilfredo Pareto, *The Mind and Society* (London,1935), para-graphs 69/2; 99/100; 109/110.

5. F. S. C. Northrop, *The Logic of the Sciences and the Humanities* (New York, 1959), ch. 8.

6. René Guénon, *Symbolism of the Cross* (London, 1958), ch.IV.

7. 'Nature, Philosophy of', in *The New Encyclopaedia Britannica* (1975), vol. 12, p. 873.

8. 'Nature, Philosophy of', *in The New Encyclopaedia Britannica* (1975), vol. 12, p. 873.

9. Karl Stern, *The Flight from Woman* (New York, 1965) ch. 5.

10. Rene Descartes, *Discourse on Method*, part VI.

11. Julian Huxley, *Evolution, the Modern Synthesis* (London, 1942), ch. 2, section 7.

12. 'Evolution', in *The New Encyclopaedia Britannica* (197S), vol. 7, pp. 23 and 17.

13. 'Evolution', in The New Encyclopaedia Britannica (197S), vol. 7, pp. 23 and 17.

14. 'Evolution', in The New Encyclopaedia Britannica (197S), vol. 7, pp. 23 and 17.

15. 'Evolution', in The New Encyclopaedia Britannica (197S), vol. 7, pp. 23 and 17.

16. Stern，参见前面提到的书，第 12 章。

17. 1977 年 1 月 24 日《泰晤士报》报道：里克曼斯沃斯学校宗教教育系主任约翰·沃森先生被开除，因其教授的是《创世记》的创世观，而不是符合教学大纲的进化论……（被移送法办）……沃森先生……在印度做过 16 年传教士，写过两本提出《创世记》创世论的书。这场"反过来的猴子审判"表明，所有信仰都有不宽容倾向！

18. 'Evolution'，参见前面提到的书。

19. Douglas Dewar, The Transformist Illusion (Murfreesboro, Tennessee, 1957).

20. Martin Lings, in Studies in Comparative Religion (published quarterly by Tomorrow Publications Ltd, Bedfont, Middlesex, 1970), vol. 4, no. I, p. 59.

21. Harold Saxton Burr, Blueprint for Immortality: the Electric Patterns of Life (London,1972).

22. Harold Saxton Burr, Blueprint for Immortality: the Electric Patterns of Life (London,1972).

23. Harold Saxton Burr, Blueprint for Immortality: the Electric Patterns of Life (London,1972).

章十

1. René Guénon, The Reign of Quantity and the Signs of the Times, translated by Lord Northbourne (London, 1953).

2. Cf. Paul Roubiczek, Existentialism For and Against (Cambridge, 1964).

3. St Thomas Aquinas, 'Commentary on the Gospel of Matthew V.2'.

4. Ananda K. Coomaraswamy, 'Why Exhibit Works of Art?' *Christian and Oriental Philosophy of Art* (New York, 1956), ch.I.

5. Dante, *The Divine Comedy*, trans. Charles Eliot Norton(Great Books of the Western World, Encyclopaedia Britannica, Chicago, 1952).

6. Quoted in Dorothy L. Sayers, *Further Papers on Dante* (London,1957), p. 54.

7. P. B. Medawar, 'Introduction', *The Art of the Soluble* (London, I967).

结语

1. Dorothy L.Sayers, *Introductory Papers on Dante* (London, 1954) ,p. 114.